不一样的 **数学故事书**

顾问　义务教育数学课程标准修订组组长
北京师范大学教授　曹一鸣

奇妙数学之旅

魔法树洞

四年级适用

主编：王　岚　孙敬彬　禹　芳

华语教学出版社

图书在版编目（CIP）数据

奇妙数学之旅.魔法树洞 / 王岚,孙敬彬,禹芳主编.—北京：
华语教学出版社,2024.9
（不一样的数学故事书）
ISBN 978-7-5138-2533-7

Ⅰ.①奇… Ⅱ.①王… ②孙… ③禹… Ⅲ.①数学—少儿读物
Ⅳ.① O1-49

中国国家版本馆 CIP 数据核字（2023）第 257641 号

奇妙数学之旅·魔法树洞

出 版 人	王君校
主 编	王 岚 孙敬彬 禹 芳
责任编辑	徐 林 王 丽
封面设计	曼曼工作室
插 图	天津元宇宙设计工作室
排版制作	北京名人时代文化传媒中心
出 版	华语教学出版社
社 址	北京西城区百万庄大街 24 号
邮政编码	100037
电 话	（010）68995871
传 真	（010）68326333
网 址	www.sinolingua.com.cn
电子信箱	fxb@sinolingua.com.cn
印 刷	河北鑫玉鸿程印刷有限公司
经 销	全国新华书店
开 本	16 开（710×1000）
字 数	108（千） 9 印张
版 次	2024 年 9 月第 1 版第 1 次印刷
标准书号	ISBN 978-7-5138-2533-7
定 价	30.00 元

（图书如有印刷、装订错误，请与出版社发行部联系调换。联系电话：010-68995871、010-68996820）

《奇妙数学之旅》编委会

主　编

王　岚　孙敬彬　禹　芳

编　委

陆敏仪　贾　颖　周　蓉　袁志龙　周　英　王炳炳
胡　萍　谭秋瑞　沈　静　沈　亚　任晓霞　曹　丹
王倩倩　王　军　魏文雅　尤艳芳　熊玄武　杨　悦

学好数学对于学生而言有多方面的重要意义。数学学习是中小学生学生生活、成长过程中的一个重要组成部分。可能对很多人来说，学习数学最主要的动力是希望在中考时有一个好的数学成绩，从而考入重点高中，进而考上理想的大学，最终实现"知识改变命运"的目的。因此为了提高考试成绩的"应试教育"大行其道。数学无用、无趣，甚至被视为升学道路上"拦路虎"的恶名也就在一定范围、某种程度上产生了。

但社会上同样也广为认同数学对发展思维、提升解决问题的能力具有不可替代的作用，是科学、技术、工程、经济、日常生活等领域必不可少的工具。因此，无论是为了升学还是职业发展，学好数学都是一个明智的选择。但要真正实现学好数学这一目标，并不是一件很容易做到的事情。如果一个人对数学不感兴趣，甚至讨厌数学，自然就不会认识到学习数学的好处或价值，以致对数学学习产生负面情绪。适合儿童数学学习心理特点的学习资源的匮乏，在很大程度上是造成上述现象的根源。

为了改变这种情况，可以采取多种措施。《奇妙数学之旅》

这套书从儿童数学学习的心理特点出发，选取小精灵、巫婆、小动物等陪同小朋友一起学数学。通过讲故事的形式，让小朋友在轻松愉快的童话世界中，去理解数学知识，学会数学思考并尝试解决数学问题。在阅读与思考中提高学习数学的兴趣，不知不觉地体验到数学的有趣，轻松愉快地学数学，减少对数学的恐惧和焦虑，从而更加积极主动地学习数学。喜欢听童话故事，是儿童的天性。这套书将数学知识故事化，将数学概念和问题嵌入故事情境中，以此来增强学习的趣味性和实用性，激发小朋友的好奇心和想象力，使他们对数学产生兴趣。当孩子们对故事中的情节感兴趣时，也就愿意去了解和解决故事中的数学问题，进而将抽象的数学概念与自己的日常生活经验联系起来，甚至可以了解到数学是如何在现实世界中产生和应用的。

大中小学数学国家教材建设重点研究基地主任
北京师范大学数学科学学院二级教授

人物名片

小罗庚

数学小天才，勤奋好学有天赋，曾经穿越到神秘的阿拉格部落，用数学知识帮助部落里的人们解决难题。这一回，他又误入魔法树洞，经历了一场奇妙有趣的探险之旅。

仙兔丽莎导师

蘑菇学院的初级导师，是小罗庚误入魔法树洞后在蘑菇学院学习时的导师，有着渊博的知识、高超的魔法和丰富的教学经验。

吉米

小罗庚误入魔法树洞后结识的朋友之一，是一只胖乎乎的小兔子。他在使用魔法时总是马马虎虎的，后来在大家的帮助下，他用魔法解决问题越来越得心应手。

杰克

小罗庚误入魔法树洞后结识的朋友之一，是一只戴着眼镜的小兔子。他性格沉稳，魔法掌握得很扎实，人也很细心，丽莎老师特别信任他。

凯瑞

小罗庚误入魔法树洞后结识的朋友之一，是班上最小的小兔子。他学魔法不像吉米那么粗心，也不像杰克那么聪明，不过好学又努力，进步非常快。

CONTENTS 目录

🔔 **故事序言**

 尾声

2

故事序言

    一个阳光明媚的周六，小罗庚早早就从床上爬起来了。爸爸妈妈都出门了，晚饭前才能回来。小罗庚一个人默默地吃完早饭，然后写作业、读书、打扫卫生，忙活了整整一上午。

    吃过妈妈留给他的午饭后，小罗庚决定好好休息一下。他的休息方式可不是睡大觉哦！他骑着自行车来到自家的稻田里，悠闲地观察着田里的稻谷。这些可爱的稻谷都穿着一身黄色的衣服，上面还有一条条清晰的"花纹"。他用手摸了摸，感觉有些刺手，稻谷的衣服真是粗糙啊！

稻田旁边有一条小河，远看像一条深绿色的飘带；近看，清澈的河面又像一面镜子。瞧，河里的小鱼突然摇摆着它那笨重的身子跳跃着，将河面搅起了阵阵涟漪，在明媚的阳光下，河面一下子变得波光粼粼的，真美啊！

小罗庚一步一步慢慢往稻田深处走去，闻着泥土的气息和稻谷的清香，享受着微风拂面的惬意。他不知道的是，稻田深处藏着一个时空隧道，隧道的另一头连接着传说中的"魔法树洞"。

魔法树洞里有些什么？小罗庚在魔法树洞里又会有哪些奇遇？不过，不管发生什么情况，都难不倒聪明的小罗庚，要知道他可不是第一次穿越哦！

接下来，就让我们跟着小罗庚开启一段神奇的旅程吧！

第一章

神奇魔法棒
——三位数乘两位数

小罗庚正悠闲自在地在稻田深处走着，突然感觉脚下的大地开始震动起来。眨眼间，稻田中央出现了一个巨大的黑洞。这个黑洞以极快的速度朝小罗庚脚下移动，小罗庚来不及反应，一下子就掉了进去。

"啊——"黑洞里的风嗖嗖地吹着，小罗庚在下落时感到满脸刺痛，像有针在扎自己似的，吓得他紧闭着双眼大叫。等他回过神来，身体已经稳稳地落地了。

小罗庚睁开眼睛，发现四周一片漆黑，什么也看不见。"这是什么地方？我怎么会来到这里？"

小罗庚害怕极了，但他还是极力地控制自己。按以往的经验，他心里有了一个大胆的猜测：我不会又穿越时空了吧？这么想着，小罗庚反倒不那么害怕了，伸出双手摸索着慢慢往前走。

不知走了多久，前面隐隐约约出现了亮光，渐渐地小罗庚看见了一些建筑物。那些建筑物被紫色的云雾包围着，仿佛处于仙境之中。

"这些是什么建筑？怎么这么奇怪？"小罗庚感到很疑惑。正当他要去一探究竟的时候，身后传来了一个甜甜的声音："欢迎来到魔法树洞，我是仙兔丽莎，是蘑菇学院的初级导师。"

小罗庚吓了一跳，转过身来定睛一看，居然是一只会说话的兔子，

太神奇了！

丽莎导师热情地说："你是从其他世界来我们这里学习魔法的吗？

如果是，就跟我一起去蘑菇学院吧。如果你是误入此地，我们也可以想办法送你回去。"

　　回去？"魔法树洞"这个名字听起来就非同一般，既然已经来了，

说什么也得好好体验一下再回去呀！

想到这里，小罗庚赶紧对丽莎导师说："导师您好，我想去蘑菇学院学习魔法。"丽莎导师点点头，轻轻地牵起小罗庚的手。随着丽莎导师的几句咒语，小罗庚突然感觉自己变成了一只鸟，穿过森林，飞进一个蘑菇形状的大房子，落在了一间教室里。没错，这确实是一间教室，不过——

"都是兔子？"小罗庚看清坐在座位上的同学们，内心惊讶地叫起来。

"给大家介绍一下，这是咱们蘑菇学院新来的交流生，叫——"丽莎导师示意小罗庚做一个自我介绍。

小罗庚定了定神，大方地鞠了一躬说："你们好，我叫小罗庚，从今天开始就和大家一起学习啦！"兔子们都热情地鼓起了掌。

"好了，小罗庚，坐到你的座位上吧。"丽莎导师指了指教室中的

空座位。小罗庚连忙跑过去坐下，并向旁边的兔子同学亲切地笑了笑。

等大家都安静下来，丽莎导师接着说："今天我要和大家分享的是魔法棒的使用方法。"她一边对大家说，一边从衣服口袋里拿出了教师使用的高级魔法棒，"这支神奇的魔法棒，能帮助我们源源不断地获得食物。"

丽莎导师用魔法棒向身旁的屏幕上一指，屏幕上立刻显现出仓库的实景，管仓库的大叔出现在屏幕里。丽莎导师问他："仓库里现在还有多少胡萝卜？"听了丽莎导师的问题，大叔看上去有点儿着急："丽莎导师，现在只有248根胡萝卜了。"

"别着急，看我的魔法。"丽莎导师挥动魔法棒，嘴里念念有词，"魔法魔法变变变，**15 倍**胡萝卜长出来！"

话音刚落，只见仓库中的那一堆胡萝卜发出了金色的光芒，不断向旁边复制出第 2 堆、第 3 堆、第 4 堆……一直到第 15 堆出现后，光芒消失了，仓库又恢复了平静。

"现在仓库里一共有多少根胡萝卜呢？"丽莎导师问学生们。

"好多啊，这个问题要难倒我了！"胖胖的小兔子吉米苦着脸说，"让我数数，1，2，3，4……"

"吉米，虽然一个个数也能弄清楚胡萝卜的数量，但一定还有更快更好的方法，对吗？"丽莎导师笑着对他说。

这个问题对小罗庚来说不算什么，他抢着说："我有办法！一堆胡萝卜是 248 根，一共有 15 堆，就是求 **15 个 248** 是多少，只要用 **248 乘 15** 就可以了。"

吉米哭丧着脸说："可是我只会算 248 乘 5，15 是**两位数**，我还

不会算呢。"

丽莎导师鼓励他说："吉米，你已经有很好的魔法学习基础了，再努力一下，一定行的！"

吉米摩挲着自己的魔法棒喃喃自语："魔法魔法帮帮我……"突然，他好像想到了什么，兴奋地大叫，"有了！我可以**把 15 分成 5 和 10**，先算 248×5 ＝ 1240，再算 248×10 ＝ 2480，最后算 1240 ＋ 2480 ＝ 3720。这就是答案！"说着，他走到前面，用一朵彩色蘑菇在黑板上写了起来。

$$248 \times 5 = 1240$$
$$248 \times 10 = 2480$$
$$1240 + 2480 = 3720$$

"答对了。你真聪明！"丽莎导师称赞道。

所有的兔子都欢呼起来："吉米好棒啊！"

小罗庚也被他们感染了："吉米的方法刚好解释了**两位数乘法**的计算原理。"他在吉米的式子旁补充了一个竖式。

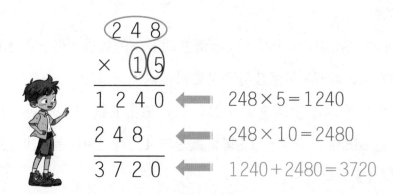

$$248 \times 5 = 1240$$
$$248 \times 10 = 2480$$
$$1240 + 2480 = 3720$$

小罗庚刚写完，最小的兔子凯瑞就大笑起来："哈哈，你漏写了2480的0啦！"

小罗庚细细一看，问道："你说的是这里的0吗？"说着，他抬手在竖式中补了一个0。

$$
\begin{array}{r}
248 \\
\times\ 15 \\
\hline
1240 \\
2480 \\
\hline
3720
\end{array}
$$

$248 \times 5 = 1240$

$248 \times 10 = 2480$

$1240 + 2480 = 3720$

丽莎导师用魔法棒指向小罗庚刚刚写的 **0**，它就变得若隐若现，发出一闪一闪的光。"你们同意凯瑞的说法吗？"丽莎导师问。

戴着眼镜的杰克一直在沉思，这会儿他慢条斯理地开口说话了："我觉得这个 **0** 是可以**省略**的。请大家仔细观察这行中三个数字所在的数位，分别是**千位、百位和十位**，这里的 248 其实表示的是 **248 个 10**，也就是 2480。"

"杰克说的一点儿也不错。"丽莎导师再次挥动魔法棒，"嗖"的一声，那个 0 就不见了。

这时，杰克想到了不同的计算方法："还可以**把 248 分成 200 和 48**，先算 $200 \times 15 = 3000$，再算 $48 \times 15 = 6 \times 8 \times 15 = 6 \times 120 = 720$，最后算 $3000 + 720 = 3720$。"

凯瑞也想到了不同的方法，说道："也可以**把 15 看成 5×3**，先

算 248×5＝1240，再算 1240×3＝3720。"

丽莎导师说："你们的方法都对，各有各的智慧！虽然计算方法看上去各不相同，但这些方法的性质和最终结果都是一样的。你们看——"丽莎导师一挥魔法棒，在黑板上把三种方法放在一起，做了一个对比。

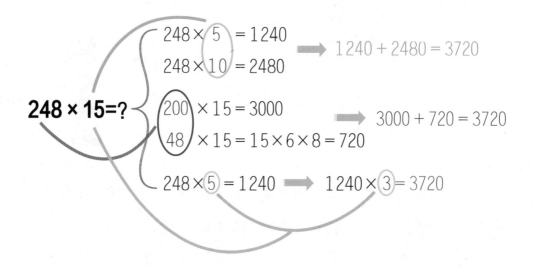

$$248 \times 5 = 1240$$
$$248 \times 10 = 2480$$
$$\Rightarrow 1240 + 2480 = 3720$$

$$248 \times 15 = ?$$

$$200 \times 15 = 3000$$
$$48 \times 15 = 15 \times 6 \times 8 = 720$$
$$\Rightarrow 3000 + 720 = 3720$$

$$248 \times 5 = 1240 \Rightarrow 1240 \times 3 = 3720$$

胡萝卜的问题解决了！接着，丽莎老师再次转身看向屏幕里的管仓库的大叔，问："现在咱们还有多少根白萝卜？"

"丽莎导师，也不太多了，只有 850 根。"

"让我们来帮忙吧！"丽莎导师抬手指了指吉米，"吉米，你再来试一试，别忘了刚刚教给你们的咒语。"

吉米摸着脑袋，自言自语起来："咒语是什么？是'芝麻开门'吗？"

同学们都愣了一下，又哄堂大笑起来。凯瑞更是笑得直不起腰："难不成你要做阿里巴巴吗？"

"大家不要笑了，吉米只是有些紧张。"小罗庚制止了大家的不礼貌行为，看向吉米，"刚才丽莎导师念的咒语是'魔法魔法变变变，15倍胡萝卜长出来'。"

小罗庚刚说完，吉米耷拉的耳朵一下子立了起来。他向小罗庚表示了感谢，然后神气地举起魔法棒，嘴里不断念着："魔法魔法变变变，**15 倍**白萝卜长出来！"神奇的事情再次发生了，白萝卜堆发出绚烂的光芒，立刻向旁边复制出第 2 堆、第 3 堆、第 4 堆……直到出现第 15 堆白萝卜，光芒才散去。

"我会使用魔法棒啦！"吉米开心地大叫起来。

"那么，聪明的吉米，你能告诉我，现在一共有多少根白萝卜吗？"凯瑞调皮地笑着说。

"哦，天哪，又要用这么难的题目来考我吗？"吉米皱起眉头，不过一转眼的工夫，他又笑了，"瞧我的！"说着，他再次走到黑板前用彩色蘑菇写了起来。

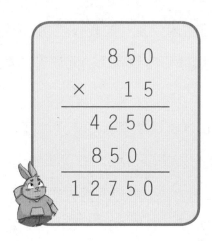

看到吉米写的竖式，凯瑞心服口服地点点头："先算**5个850**是4250，再算**10个850**是8500。"说到这儿，凯瑞笑着看看小罗庚，

"就像刚才一样，最后850乘十位上的1，得到8500，在竖式中这里个位的**0**可以**省略**不写。我说的对吗，小罗庚？"

小罗庚微笑着点点头。丽莎导师会心一笑，轻轻举起魔法棒，只见竖式第一行的850闪着光向右边移动："我们也可以这样计算，先用15去乘**85个10**，计算得到**1275个10**。"

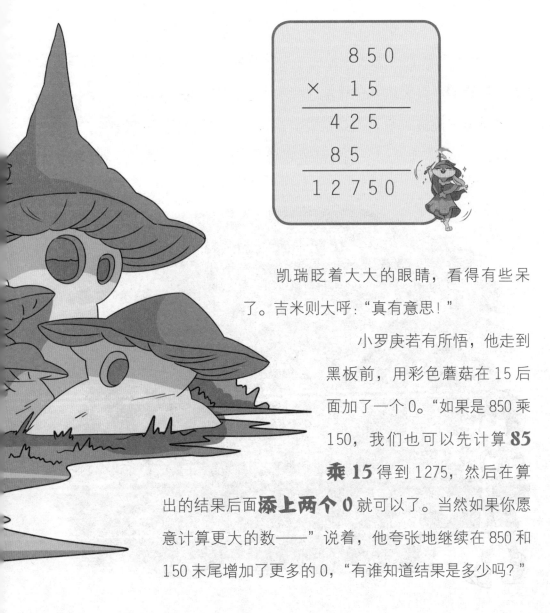

凯瑞眨着大大的眼睛，看得有些呆了。吉米则大呼："真有意思！"

小罗庚若有所悟，他走到黑板前，用彩色蘑菇在15后面加了一个0。"如果是850乘150，我们也可以先计算**85乘15**得到1275，然后在算出的结果后面**添上两个0**就可以了。当然如果你愿意计算更大的数——"说着，他夸张地继续在850和150末尾增加了更多的0，"有谁知道结果是多少吗？"

$$850000 \times 1500000$$

凯瑞一看，这还不容易？可他刚想开口，心直口快的吉米就喊起来了："是一千二百七十五零零零……"大伙儿又笑起来了。

吉米更着急了："反正我知道！虽然我读不出来，就是1275后面再加上 **9个0**！"笑声夹杂着掌声响起来，课堂变得更热闹了。

"蘑菇学院真神奇，蘑菇学院真快乐……"欢快的下课铃响了，丽莎导师刚一喊下课，同学们就都欢呼着跑了出去。

中国最早的乘法口诀

2002年，我国考古工作者在湖南省龙山县的一口古井中，挖掘出3.6万余枚秦代简牍，其中一枚简牍上写着"二半而一，一二而二，二二而四……四八三十二，五八四十，六八四十八……九九八十一"。这个两千多年前就已使用的乘法口诀表竟与我们现在使用的乘法口诀表惊人地一致。经考证，这是我国目前发现的最早、最完整的乘法口诀表。它不仅印证了我国春秋战国时期已普遍使用乘法和乘法口诀，还为世界算术史的研究提供了一份珍贵的实物资料。

面对三位数乘两位数这个新挑战，蘑菇学院的同学们都能借助已经学习过的三位数乘一位数的算法进行尝试。如在计算 248 乘 15 时，可以把 15 分成 10 和 5 去算，也可以把 248 分成 200 和 48 去算，还可以把 15 看成 3 乘 5 去算。

而笔算 248×15 时，可以先用 15 的个位上的 5 去乘 248，积的末尾和个位对齐，再用十位上的 1 去乘 248，积的末尾和十位对齐，最后把两次相乘的积相加。

在列竖式计算时，如果因数的末尾有零，可以先忽略它们，最后再补在积的末尾。如笔算 850×15 时，先算 85 乘 15，然后在积后面添上一个 0。

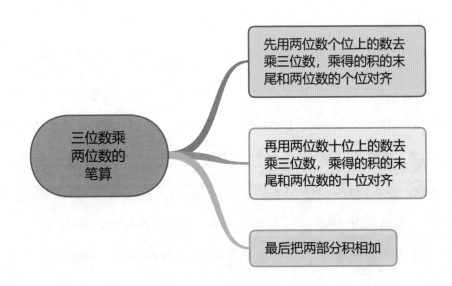

看到杰克和凯瑞这么爱思考，小罗庚忽然就想到了一个特别有意思的数字游戏。

他拿起树枝在地上写起来："用 0，1，2，3，4 这五个数字组成一个两位数和一个三位数，在数字不重复出现的情况下，要使它们的乘积最大，应该组出哪两个数？要使乘积最小呢？"

你愿意试一试吗？

要想乘积最大，那么最大的两个数字要分别放在组成的两个数的首位，且两个数的差要尽可能的小，两个数的差越小，乘积越大。

先把最小的数字 0 放在一边，很显然 4 和 3 是最大的两个数字，把它们分别放在组成的两个数的首位。再看 42－31＝11 和 41－32＝9 中，41 与 32 的差小一些，所以它们的乘积会大一些，0 放在任意一个数的末尾都可以，所以乘积最大的是：410×32＝13120 或 320×41＝13120。

要想乘积最小，那么除 0 外最小的两个数字要分别放在组成的两个数的首位，且两数的差越大，得到的乘积就越小。

先将最大的数字 4 放在一边，在 0，1，2，3 四个数字中，0 不能放在首位，所以把较小的数字 1 和 2 分别放在组成的两个数的首位。再看 23−10＝13 和 20−13＝7 中，23 与 10 的差较大，然后将最大的数字 4 放在较大数 23 后面，它们的差会更大，即 234−10＝224，104−23＝81，224 > 81，所以乘积最小的是：234×10＝2340。

你算对了吗？

第二章

萝卜梦想园

——大数的认识

小罗庚对蘑菇学院充满好奇，所以下课以后，他就跑出教室，在蘑菇学院四周东看看，西逛逛，不知不觉走进了学院后面的树林。树林里安静极了，只有小动物偶尔经过发出的簌簌声。小罗庚紧张地向树林深处走去，突然发现树林深处隐约有一道亮光闪过。

小罗庚抑制不住好奇心，慢慢走向亮光的方向。可刚走两步，他脚下一滑，身子一歪，整个人撞向一棵异常粗壮的大树。小罗庚吓得闭上眼睛，准备迎接撞击之后的疼痛，但奇怪的是，好像什么也没发生。他慢慢睁开眼睛一看，顿时又惊讶得张大了嘴巴，自己竟然身处一个巨大的山谷中。山谷四处都堆满了各式各样的萝卜，仿佛一座座萝卜山，十分壮观。

"这里的萝卜太多了，得有成千上万啊！不，比成千上万还多！"小罗庚感叹道。

"嘿，朋友，你在看什么呢？"一只小兔子突然出现在小罗庚身旁，抬头盯着他。

小罗庚吓了一跳，拍拍胸口松了一口气，还没来得及开口说话，这只小兔子就开始喋喋不休地说起来："你好，我是卡尔。你叫什么名字？你是从哪里来的？我怎么没见过你？你来这里做什么？……"

　　小兔子卡尔的问题像连珠炮一样，一个紧接着一个，让小罗庚一时也不知道从哪儿答起。他赶忙打断小兔子："你好，我叫小罗庚。我是蘑菇学院新来的交流生。请问这里是什么地方呀？怎么有这么多萝卜？你知道一共有多少萝卜吗？"

　　"这里是我们的'萝卜梦想园'。我们兔子最喜欢吃萝卜了，特别希望有永远也吃不完的萝卜，所以就在魔法棒的帮助下，建造出了这个种植和储存萝卜的地方。至于这里到底有多少萝卜，我可数不过来，不过我知道一定是个很大很大的数。"卡尔指着遍地萝卜，自豪地说。

　　"我教你**数大数的方法**怎么样？包你一遍学会。"小罗庚弯下腰，微笑地看着卡尔。卡尔激动地跳了起来："太好了！学会了我就能知道到底有多少萝卜了，你快教教我吧！"

　　小罗庚问："从 1 数到 10，你会吗？"卡尔点了点头，给小罗庚数了一遍。

　　"接下来我们一起十个十个地数，十、二十、三十……九十。"小罗庚和卡尔一起数完。

　　"**10 个十是一百**。然后一百一百地数，相信难不倒你吧？"小罗庚说。

　　"一百、两百、三百……九百，然后 **10 个一百是一千**。"卡尔边数边点头，"万以内的我都知道！然后一千一千地数，一千、两千、三千……九千。**10 个一千就是一万**。对吧？"聪明的卡尔一下就掌握了数大数的技巧。

　　小罗庚满意地点点头。卡尔又大声数了起来："我猜接下来应该一万一万地数，一万、两万、三万……九万，然后 **10 个一万是**

十万。"

小罗庚鼓励地拍拍手："你学得真快！接下来，你可以试试十万十万地数。"

"十万、二十万、三十万……九十万，然后**10个十万是一百万**。那我接下来就可以一百万一百万地数了，一百万、二百万、三百万……九百万，**10个一百万是一千万**。"卡尔一口气不停地数着。

"你真是一只厉害的小兔子！其实，刚才在数数的过程中，你已经从个级数到了万级。按照计数习惯，一个整数从右边起，**每四个数位是一级**，个位、十位、百位、千位组成了**个级**，万位、十万位、百万位、千万位组成了**万级**。"

卡尔高兴地转起了圈："我都能数这么大的数啦！我可真聪明啊！"

可是，很快他又想到一个新的问题："如果萝卜的个数数到千万还是不够怎么办？还能继续往下数吗？"

"当然了!"小罗庚点点头,"就像你刚才那样,继续往下数,一千万、两千万、三千万……九千万,10 个千万就是一亿。"

卡尔赶快接过话:"接下来应该是十亿、百亿、千亿,这样的话,我们就升级到了亿位、十亿位、百亿位、千亿位,组成了**亿级**。"

小罗庚赞叹不已:"你太棒了,居然会举一反三!"根据刚才的叙述,小罗庚用树枝在地上写出了完整的数位顺序表。

整数的数位顺序表

数级	……	亿级				万级				个级			
数位	……	千亿位	百亿位	十亿位	亿位	千万位	百万位	十万位	万位	千位	百位	十位	个位
计数单位	……	千亿	百亿	十亿	亿	千万	百万	十万	万	千	百	十	一(个)

突然,卡尔叹了口气,愁眉苦脸地说:"可是如果真的看见一个很长的数,我还是不会读啊。"

小罗庚笑了笑,拿着树枝在地上边写边说:"看我的!我们借助**分级线**来分一分,就简单了。刚才我们提到了,从右往左每四个数位是一级,所以看到分级线就**读出它表示的级**就可以了。比如 1234│5678,读作:一千二百三十四万五千六百七十八;1│2345│6789,读作:一亿两千三百四十五万六千七百八十九。"

卡尔听得认真极了。

看卡尔这么虚心学习，小罗庚想了想，接着说："大数的写法也教给你好了。在写大数时，要从**高位**写起，按照**数位的顺序**写，在**中间或末尾**的数位上，哪个数位上**一个单位也没有**，就在那个数位上**写 0**。比如二十三万零一百八十四，写作——"

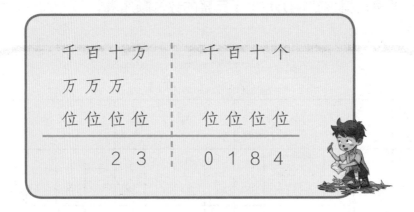

千万位	百万位	十万位	万位		千位	百位	十位	个位
		2	3		0	1	8	4

卡尔高兴地抱住小罗庚："我觉得你的魔法能力简直要赶上我们的

丽莎导师了！"

"真的吗？"小罗庚嘿嘿笑着，"其实我还没有学会魔法，只是数学能力强一点儿而已。"

"我不管，反正你就是很厉害！"卡尔的眼睛里充满了崇拜。

"谢谢你的夸奖，卡尔！"小罗庚想起一件重要的事，"对了，我得回蘑菇学院去上课，你知道回去的路吗？"

"当然！我认识这里的每一条路。我们一起走吧！"说完，卡尔拉着小罗庚的手向山谷外走去。

阿基米德和"大数"

最先提到庞大数字的人是古希腊的数学家阿基米德。他在其著作中指出：有人认为，在全世界所有有人烟和无人迹的地方，沙子的数目是无穷的；也有人认为，沙子的数目不是无穷的，但是想表示沙子的数目是办不到的。而他的计算表明，如果把所有的海洋和洞穴都填满沙子，这些沙子的总数不会超过1后面有100个0。

1后面有100个0，如果读出来就是一万亿亿亿亿亿亿亿亿亿亿亿亿。后来的数学家把这个大数命名为"1古戈尔"。

数学小博士

名师视频课

小罗庚在蘑菇学院后面的树林里进入了一个神奇的"萝卜梦想园"，在这里他遇到了小兔子卡尔。小罗庚教会了卡尔认识大数，这样卡尔就能弄清楚萝卜梦想园里到底有多少萝卜了。

面对数大数这个新挑战，小罗庚帮助卡尔借助曾经学习过的万以内的数的知识进行尝试。

在数数的过程中，卡尔认识了万级的四个数位：万位、十万位、百万位、千万位；亿级四个数位：亿位、十亿位、百亿位、千亿位。

在读数时，我们可以先借助分级线把数从右往左每四个数位分为一级，然后从最高位读起，看到分级线就读出它表示的级就可以了。

在写数时，我们要从高位写起，按照数位的顺序写，在中间或末尾的数位上，哪个数位上一个单位也没有，就在那个数位上写0。

运用读写大数的知识，可以解决很多实际问题。通过小罗庚的讲解，你学会了吗？生活中需要读写大数的地方有很多，找一些大数读一读吧！

大数的认识

亿以内数的认识
- 相邻两个计数单位之间的进率是"十"
- 数级分为个级、万级、亿级
- 数位：个位、十位、百位、千位、万位、十万位、百万位、千万位、亿位
- 计数单位：个、十、百、千、万、十万、百万、千万、亿

亿以内数的读法
- 从高位数读起，一级一级往下读
- 万级的数要按照个级的数的读法来读，再往后面加一个"万"字
- 每级末尾不管有几个0都不读，其他数位有一个0或者连续几个0，都只读一个0
- 相邻两个计数单位之间的进率是"十"

亿以内数的写法
- 从高位数写起，一级一级往下写
- 哪个数位上一个单位也没有，就在那个数位上写0

智慧加油站

看到卡尔对读写大数这么感兴趣，小罗庚用树枝在地上写了一道题："从多位数 4967883980 中画去 4 个数字，使剩下的 6 个数字（先后顺序不变）组成一个六位数，这个六位数最大是多少？"

卡尔想了好一会儿，也没想出正确答案。你能帮帮他吗？

温馨小提示

要想剩下的数最大，就应当让最高的数位上的数字最大。

在这些数字中，最大的数字是 9，所以，首先要画去最前面的数字 4。后面还有一个 9，在倒数第三位，因为不可能把它前面的数字全画去，所以先不管它。接下来最大的数字是 8，需要把 8 作为六位数的第二高位，所以要把前面的 6 和 7 画去。后面也是 8，两个 8 连在一起保留。最后再画去 9 前面的 3，剩下的六位数从左往右第四位也是最大的数字 9。

所以，画去的四个数字依次是 4，6，7，3，剩下的数是 988980。

第三章

探秘魔法洞

——平移和旋转

　　小罗庚和卡尔一边聊天一边向蘑菇学院的方向走。走到半路，四周突然起雾了。雾越来越浓，像极了《西游记》中掳走唐僧的"妖气"。小罗庚警惕地停下脚步，感觉一阵头晕目眩，没过几秒他就眼前一黑，昏了过去。

　　等小罗庚从昏迷中再次睁开眼睛，发现自己正躺在一个黑乎乎的山洞里，身边已经没有了卡尔的踪影。借着山洞顶端的一点点光亮，小罗庚坐起身环顾四周，只能看见洞壁上奇形怪状的石头，完全看不见出口，但能隐隐约约地听到流水的声音。小罗庚心想：这里也太阴暗潮湿了，好可怕啊！

　　可现在不是害怕的时候，得赶快寻找出口。小罗庚爬起来，拍掉身上的泥土，沿着洞壁仔细查看，在各种形状不一、大小不同的石头中有一块长方形的石头突出来了，显得特别醒目。他仔细端详着这块长方形的石头，寻找着蛛丝马迹，但什么也没发现。

　　"还以为会有什么线索呢，白高兴一场！"小罗庚失望地在长方形石头上拍了一巴掌。这时，石头微微一震，洞壁上突然显露出一扇锈迹斑斑的大门。随着"吱嘎"一声，门开了。

　　小罗庚轻手轻脚地走进大门，发现前面是一个走廊。走廊旁边有

一条河，有两只小船正在河面上漂流。

"不对，不是两只小船，而是一只！"小罗庚惊奇地瞪大了眼睛。

这只神奇的小船先是在河的入口处出现，然后疾速向前，瞬间移动到岸边插着一面红旗的地方，然后再闪现在入口处，循环往复。因为速度太快，所以看上去像有两只小船。小罗庚震

惊之余，发现走廊前面的路被巨石堵住了，看来想要继续走下去的话
只能靠这条河和这只小船了。

　　小船的**运动轨迹**明显暗示着某种规律，通关的线索会不会也藏在这里呢？小罗庚盯着小船琢磨起来。"小船从这里移动到那里，如果把小船看成一个图形的话……"小罗庚脑中灵光一现，"我知道了，是数学课上学过的**平移现象**，这只小船是在平移！它从入口处平移到红旗处，**大小、形状和方向**都**没有发生变化**，只是**位置变了**，而且它平移的目的地永远是红旗所在的地方。"

　　可是，要如何登上这只小船呢？小罗庚皱着眉头，又有了新发现：红旗不是固定在一个位置，而是会移动的。好玩的是，红旗移到哪里，小船就会平移到哪里，到达后，又回到起点，继续朝红旗的位置平移。"哈，原来小船是跟着红旗走的呀！如果是这样的话，想办法控制红旗的位置，不就能控制小船漂流的方向了吗？"

　　有了！小罗庚走到红旗旁，等小船靠岸时跳上船，又伸手把红旗拔起来扔进河里。红旗顺流而下，小船果然紧紧跟在红旗后面出发了。

　　乘着小船漂流了一会儿，小罗庚终于望见了陆地。红旗被陆地挡住停下来，小船也跟着靠岸了。小罗庚跳下小船，回头挥挥手："多谢'顺风船'，再见啦！"

　　小罗庚继续往前走，发现前面的路越来越难走，不仅路面上有数不清的大小石头，洞壁上还飘散出一团团白雾妨碍他的视线。不过小罗庚已经是个见过世面的人了，这点儿困难根本拦不住他。

　　穿过白雾区，小罗庚又走了将近一个小时，终于在前方看到了亮光。"那里很可能是山洞的出口！"小罗庚激动地加快脚步，好不容易走到洞口，却发现洞口被一座旋转木马挡住了，只见那上面的一圈木马一会儿顺时针转，一会儿逆时针转。小罗庚刚要绕过它走出去，整座旋转木马又瞬间挡在他面前。小罗庚一连尝试了几次，都失败了。

小罗庚退后几步，打起了退堂鼓，可他的肚子早已饿得咕咕直叫，而且他很想念丽莎导师和小伙伴们，迫不及待地想回到他们身边。"一定有办法出去的，只是我没有想到而已！"小罗庚给自己加油打气。

旋转木马还在不停地旋转着，小罗庚联想到之前的小船，心想：刚才的小船是平移现象，那这个旋转木马是不是**旋转现象**呢？可这跟出山洞有什么关系呢？小罗庚又陷入了苦恼之中。他绞尽脑汁，把数学课上学过的关于旋转现象的知识在脑子里回忆了一遍，开始自问自答起来：

"上面这些木马一直在围绕着中间的柱子旋转，它们的位置和方向

发生了变化吗?"

"对,木马的位置和方向都改变了!"

"那还有什么没有变呢?"

"大小没变?"

"确实!形状呢?"

"嗯,形状也没变。让我想想,这些木马旋转时虽然**位置和方向会变**,给我造成了一定的麻烦,但是它们的**大小和形状**却永远**不会改变**,也就是说,木马与木马之间的距离是固定的,而且在木马旋转的过程中始终保持不变。这样的话,整座旋转木马虽然挡在洞口,但我只要抓住时机,瞄准木马之间的空隙迅速冲刺,应该就能出去了!"

小罗庚按照他刚才想的方法,瞄准两个木马之间的空隙冲了过去。

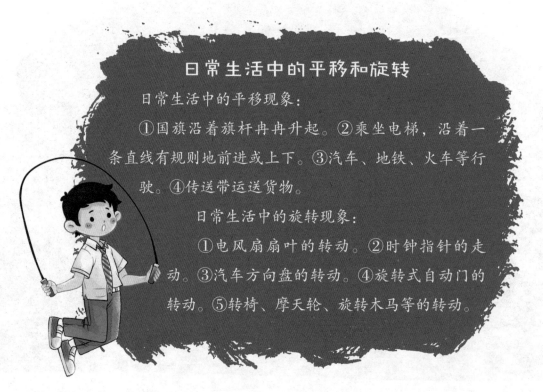

日常生活中的平移和旋转

日常生活中的平移现象:

①国旗沿着旗杆冉冉升起。②乘坐电梯,沿着一条直线有规则地前进或上下。③汽车、地铁、火车等行驶。④传送带运送货物。

日常生活中的旋转现象:

①电风扇扇叶的转动。②时钟指针的走动。③汽车方向盘的转动。④旋转式自动门的转动。⑤转椅、摩天轮、旋转木马等的转动。

哈哈！成功了！现在小罗庚已经安全地站在洞口外了。可是，他还没来得及高兴，眼前的一幕又给了他当头一棒：原本以为出了山洞就万事大吉，没想到又进入了另一个诡异的密闭空间。前面是墙，后面是墙，左右两边也是墙。更糟糕的是，这一次连顶上也挡得严严实实的，没有一点儿缝隙，连苍蝇恐怕也飞不出去，更别提一个大活人了。

天哪！这是要把我困在这里吗？小罗庚心里暗暗叫苦，不过他可不会这么轻易就放弃。他慢慢绕着墙边走边观察，突然脚下被什么东西绊了一下，双手下意识地扶到墙上。等手从墙壁上拿开的时候，小罗庚惊讶地发现墙上显出一个向下的箭头符号"⬇"，紧接着，他所处的空间好像突然**向下移动**了一段距离。

"难道箭头指向哪个方向，这个空间就会向哪个方向移动？"小罗庚大胆猜测着，然后伸手在墙上画了一个同样的箭头，空间竟然真的向下移动了！小罗庚激动得心脏怦怦跳。但是他不知道蘑菇学院具体在什么地方，还是无法用这种方法回去呀，这可怎么办呢？

小罗庚继续在墙壁上寻找线索，很快就发现了两个会动的图形：一个是**正方形**，它向前**移动**了几厘米，又退回原处；另一个是**三角形**，它**转了转**，所在的位置和方向就变了。

正方形和三角形的上方有一个空白的电子屏幕。"这是不是考验**平移和旋转的结合使用**？这个空间的墙可以发出移动指令，而这个电子屏幕应该能帮我通关，它与那些平移和旋转标志或许有关联。"

小罗庚一边自言自语，一边把正在平移的正方形拿下来，放在电子屏幕上。神奇的一幕出现了：电子屏幕上显示出一小块区域的地图，而小罗庚所处的空间也按照地图上的路线，开始疾速向前，像小汽车

一样"跑"了起来。看来，能够用墙上的平移和旋转的图形，通过电子屏幕操纵整个空间！

"我知道怎么办了！"小罗庚兴奋地大喊。他看着屏幕，按照地图上路线的需要，又将墙上旋转的三角形摘下并放在屏幕上。整个空间立刻翻天覆地地转了起来。小罗庚被搞得晕头转向，但依然死死盯着屏幕上的路线，及时更换着屏幕上的两个图形。

过了几分钟，地图上的路线走完了，空间渐渐停止运动。不一会儿墙壁消失了，小罗庚发现自己已经站在地面上，前面不远处就是蘑菇学院。终于回来了，小罗庚深深地松了一口气，一边呼唤着伙伴们的名字，一边朝蘑菇学院的方向奔跑。在通往蘑菇学院的路上，小罗庚发现**平移与旋转无处不在**，比如沿着路边左右移动的魔法灯塔、不停向前移动的魔法路梯……他像发现了新大陆似的，跳起来叫道："在现实世界中，电梯的升降、升降机的升降是平移现象，而风车的转动、车轮的滚动则属于旋转现象。想不到魔法树洞里竟然也存在这么多平移和旋转现象！"

不知不觉中，小罗庚已经回到蘑菇学院。小伙伴们看见小罗庚回来了，都激动地围过来。

"你去干什么了呀？怎么这么晚才回来？"吉米喊道。

"我们在附近找了你很

长时间。"杰克推了推眼镜。

"丽莎导师去执行秘密任务了，要不然她会使用魔法棒找到你的。"凯瑞赶紧挤过来。

"我们正要去找校长，让校长帮忙找你呢。"班长看小罗庚没事，总算松了口气。

同学们关心地围在小罗庚身边，七嘴八舌地说着。看到大家都这么关心自己，小罗庚心里暖暖的。

"大家别着急，听我慢慢跟你们说。"小罗庚安抚一番大家的情绪后，兴奋地说道，"我先是在萝卜梦想园结识了卡尔，并引导他认识了多位数。之后又在一个魔法山洞遇到了关于平移和旋转现象的问题，还好最后我闯出来了，不然今天就回不来了。"小罗庚想起刚才的遭遇，还有点儿胆战心惊。

"什么是'平移'和'旋转'？"凯瑞挠挠头，对这两个新名词感到十分新奇。

小罗庚耐心地解释道："平移是物体运动的一种现象，物体的位置改变，大小、形状和方向都不变。旋转也是物体运动的一种现象，物体的大小、形状不发生改变，但方向、位置却会发生改变。我遇到的情况是这样的……"

大家兴味盎然地听完小罗庚讲述他的经历，忍不住感叹："真是太神奇了！"

"这次历险回来，我也收获了不少。有机会我们一起再去魔法山洞探秘啊！"小罗庚笑着对伙伴们说。

数学小博士

名师视频课

小罗庚被雾气迷晕后来到一个魔法山洞，他凭借着自己的能力，利用平移和旋转的知识成功走出山洞，接着又破解了密闭空间的机关，最后回到蘑菇学院。

在魔法山洞和密闭空间中，考验小罗庚的是对平移和旋转特点的掌握。平移和旋转的特点是：平移时，物体的大小、形状和方向不变，只是位置发生了变化；旋转时，物体是围绕着一个点或一条线旋转，其大小、形状不变，只是位置与方向发生了变化。

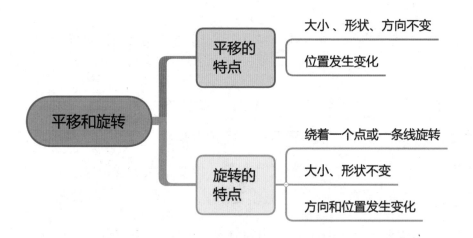

和小罗庚一起学数学是不是很有趣？你学会了吗？你能辨认出平移、旋转现象吗？不妨在生活中找一找吧！

智慧加油站

小罗庚回到蘑菇学院后，结合自己在魔法山洞里用到的数学知识给小伙伴们出了一道题：丽莎导师有一块魔法桌布（如下图），桌布上每个小方格的边长都是 1 厘米，桌布分为涂色部分和透明部分，请问涂色部分的面积是多少平方厘米？

小伙伴们绞尽脑汁也不知道怎么算，你能帮帮他们吗？
（提示：需要运用平移的知识来解决哦！）

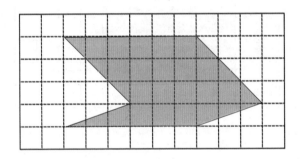

温馨小提示

魔法桌布上涂色部分的图形是一个不规则图形，无法直接计算出图形的面积。不过，我们通过观察可以发现，涂色部分①与空白部分②的形状、大小完全相同。如果将涂色部分①向左平移 6 格，就可以将原图形转化为长 6 厘米、宽 4 厘米的长方形。根据长方形的面积计算公式"长方形的面积＝长×宽"，可以求出长方形的面积，即涂色部分的面积。所以答案就是 4×6 = 24（平方厘米）。

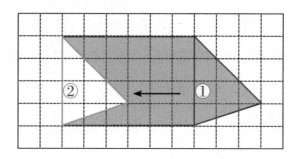

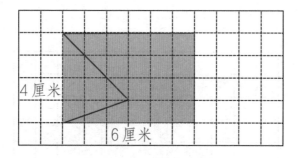

第四章

魔法晋级啦

——积的变化规律、商的变化规律

丽莎导师去执行秘密任务，走了好几天，同学们都很想她。这天早晨，吉米睡醒以后伸了伸懒腰，掀开窗帘的一角往窗外望了一眼，兴奋地叫起来："丽莎导师回来啦！"这句话像一颗炸弹，瞬间让宿舍里炸开了锅。同学们飞快地穿衣服，吃早饭，早早地来到教室，等待着丽莎导师。

当丽莎导师出现在教室里的时候，同学们立刻欢呼起来："欢迎可爱的丽莎导师回来！"调皮的吉米用魔法棒在黑板上写出了"欢迎丽莎导师归来"一行大字。丽莎导师的心里涌起一股暖流，感动极了。

"好了，孩子们，"她拍了拍手，示意大家安静下来，"听说我不在的这几天，你们都在好好练习魔法，我真为你们感到骄傲！现在，我很高兴地通知你们，魔法棒的初级课程已经结束，接下来我要给大家讲授魔法棒的中级课程。孩子们，准备好了吗？"

"准备好了！"同学们大声喊道。小罗庚已经迫不及待想学习新的知识了。

"魔法棒的中级课程以乘法和除法为基础。我们先来看一个乘法算式：$3 \times 2 = 6$。你们会用魔法棒改变等式中的一个因数，把它扩大几倍吗？一起试试吧！"丽莎导师微笑着说。

丽莎导师话音刚落，一个稍大一些的女孩儿便走上讲台，看着魔法屏幕上的算式念起咒语，把 3 扩大了 10 倍，算式变成了 30×2=6。

女孩儿回到座位以后，丽莎导师问道："大家看看这个算式有什么问题吗？"

"有问题。"吉米站起来说，"应该是 30×2＝60 才对，它还得是个等式呀！"丽莎导师满意地点点头挥动魔法棒，将算式中的"6"改成了"60"。

"还有谁愿意再尝试一下？"丽莎导师接着问。

同学们盯着算式努力思考起来。

"杰克，你要不要来试试？"丽莎导师向杰克发出了邀请。

"我没有十足的把握，但可以试一试。"杰克盯着算式看了一会儿，然后转动魔法棒，小心翼翼地念起咒语，魔法屏幕上出现了 3×16=48 这个算式。

丽莎导师看了看算式，开心地对杰克做出"V"的手势："将 2 乘 8 之后，原来的积也扩大了 8 倍，这个算式完全正确。还有谁愿意尝试？小罗庚，你要不要试试？"

小罗庚接受了邀请，低头想了想，也开始念诵咒语，魔法棒一挥，屏幕上出现了 15×2=30 这个算式。

"将 3 乘 5 之后，原来的积也扩大了 5 倍，真棒！"丽莎导师夸奖道。

现在屏幕上有四个算式了，丽莎导师停止了邀请。

$3×2=6$

$30×2=60$

$3×16=48$

$15×2=30$

"中级魔法的秘诀不是记忆，而是观察、比较与思考，并在探索的过程中发现一些规律。仔细观察这几个算式，你们能猜出让算式发生变化的魔法咒语吗？"丽莎导师想启发同学们自己思考找出答案，于是建议进行一场小组讨论。

"我们可以一个算式一个算式地去分析。正如丽莎导师所说，和 3×2=6 相比较，下面的三个算式都是一个因数不变，另一个因数乘几，积也乘几。"凯瑞小声对吉米耳语，吉米激动地直点头。

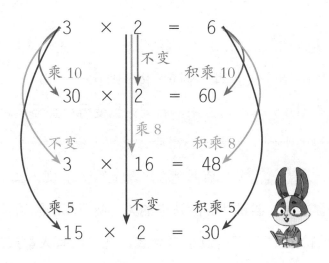

吉米把他们想到的答案说出来以后，丽莎导师欣喜地说："哇，你们这么快就发现让乘法算式扩大的魔法咒语了，真了不起！"

丽莎导师让同学们记下新咒语，又出了好几道算式让同学们练习，不一会儿，所有同学都掌握了这个新咒语。

"孩子们，其实我们刚才念出的咒语就是**积的变化规律**。"丽莎导师鼓励大家，"咒语有法，但无定法。如果你们愿意思考，肯定还能发现其他关于积的变化规律。"

在尝试新咒语的过程中，小罗庚和伙伴们又发现了很多新的规律。

吉米发现：一个因数乘一个数，另一个因数乘另一个数，积就会

乘这两个数的乘积。如 $4 \times 5 = 20$，则 $8 \times 15 = 120$。

凯瑞发现：一个因数不变，另一个因数除以几（0 除外），积就会除以几。如 $42 \times 3 = 126$，则 $7 \times 3 = 21$。

杰克发现：一个因数除以一个数（0 除外），另一个因数除以另一个数（0 除外），积就会除以这两个数的乘积。如 $15 \times 6 = 90$，则 $5 \times 3 = 15$。

小罗庚还偶然发现：一个因数乘一个数，另一个因数除以同一个数（0 除外），积不变。如 $3 \times 16 = 48$，则 $6 \times 8 = 48$。

在大家相互分享的过程中，新咒语也变得更加强大起来。

丽莎导师听到小罗庚的心得后，提醒大家："有积不变的规律，就会有**商不变的规律**。"随后她在屏幕上写下了 $60 \div 30 = 2$ 这个算式，请大家各显神通，尝试找出除法中的关于商不变的咒语。

同学们的咒语使用得越来越熟练，几乎所有人都成功进行了除法算式的魔法变形，有的变成了 $6 \div 3 = 2$，有的变成了 $600 \div 300 = 2$，还有的变成了 $30 \div 15 = 2$。

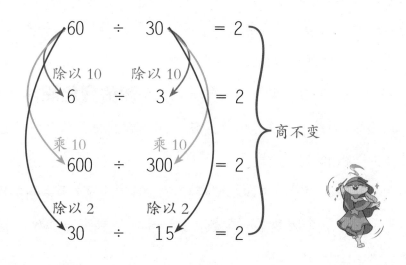

"大家一定已经发现新咒语的秘密啦！"丽莎导师和大家一样开心，"让我们通过魔法把咒语显示在屏幕上吧，比一比看谁又快又准。预备——开始！"

话音刚落，屏幕上就出现了这样的三条咒语：

①被除数和除数同时乘或者除以相同的数，商不变。

②被除数和除数同时扩大或者缩小相同的倍数，商不变。

③被除数和除数同时乘或者除以相同的数（0除外），商不变。

丽莎导师引导大家比较这三条咒语，最后大家一致表示第三条咒语最完整、最科学，这是细心的杰克写上去的。

"除了商不变的规律，就像乘法那样，你们还能发现**商的变化**

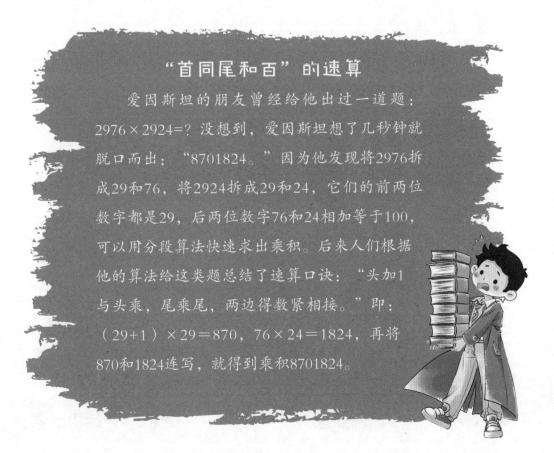

"首同尾和百"的速算

爱因斯坦的朋友曾经给他出过一道题：2976×2924＝? 没想到，爱因斯坦想了几秒钟就脱口而出："8701824。"因为他发现将2976拆成29和76，将2924拆成29和24，它们的前两位数字都是29，后两位数字76和24相加等于100，可以用分段算法快速求出乘积。后来人们根据他的算法给这类题总结了速算口诀："头加1与头乘，尾乘尾，两边得数紧相接。"即：（29+1）×29＝870，76×24＝1824，再将870和1824连写，就得到乘积8701824。

规律吗？在小组中尝试你的魔法，并分享你的咒语吧！"随着丽莎导师的话音落下，黑板上再次出现 **6÷3＝2** 的算式。

之前出错的女孩儿再次自告奋勇上前尝试。她熟练地念起咒语，将算式变成了 6÷6＝2。可惜，她又答错了。

丽莎导师摇摇头，笑着对她说："你念咒语的时候可一定要把咒语念全啊！你看，6÷6 不是等于 1 吗？怎么还是 2 呢？"

女孩儿回到座位想了想，轻轻地"哦"了一声，看样子是想明白了。

"还有谁想试一试？"丽莎导师又问。

让大家没想到的是，这次凯瑞竟主动走上了讲台。他挥动魔杖，黑板上的算式发生了变化，变成了 6÷1＝6。

丽莎导师对他赞赏地一笑，说："这个被除数好像有点儿小，谁来把它变大一点儿？"

小罗庚在下面看得心里痒痒的，他冲上讲台，把算式变成了 60÷3＝20。

丽莎导师故作严肃的样子，对小罗庚说："你做得很好，但下次答题前要先举手，知道了吗？"

"知道了。"小罗庚小声应了一句，红着脸回到了座位上。

屏幕上再次出现了四

个算式：

$$6 \div 3 = 2$$
$$6 \div 6 = 1$$
$$6 \div 1 = 6$$
$$60 \div 3 = 20$$

"大家来找一找有什么规律吧！"丽莎导师就是这样，永远能激发出学生们主动获取知识的欲望。

第一个有新发现的是吉米：被除数不变，除数乘或除以一个数（0除外），商反过来除以或乘这个数。

凯瑞的发现和吉米的有所不同：被除数乘或除以一个数（0除外），除数不变，商也乘或除以这个数。

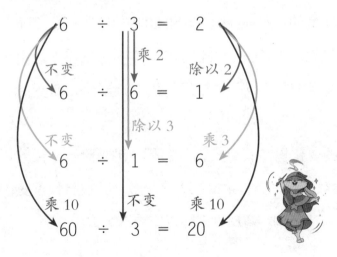

魔法咒语是千变万化的，就如丽莎导师所言，中级魔法咒语靠的不是记忆，而是思考和智慧。

数学小博士

名师视频课

丽莎导师出示了一个算式，让同学们按照她的要求用魔法棒变出相应的算式，同学们通过这些算式发现了一些规律。

在算式 $3 \times 2 = 6$ 中，因数 2 不变，另一个因数 3 乘 10，得到 $30 \times 2 = 60$，现在的积 60 则等于原来的积 6 也乘 10。因数 3 不变，另一个因数 2 乘 8，得到 $3 \times 16 = 48$，现在的积 48 则等于原来的积 6 乘 8。由此可知，在乘法中，一个因数不变，另一个因数乘几，得到的积则等于原来的积乘几。这就是积的变化规律。

在算式 $60 \div 30 = 2$ 中，60 和 30 同时除以 10，得到 $6 \div 3 = 2$，商不变。60 和 30 同时乘 2，得到 $120 \div 60 = 2$，商不变。由此可知，被除数和除数同时乘或除以一个相同的数（0 除外），商不变。这就是商不变的规律。

商的变化规律有两条，分别是：①被除数乘或除以一个数（0 除外），除数不变，商也乘或除以这个数；②被除数不变，除数乘或除以一个数（0 除外），商反过来除以或乘这个数。

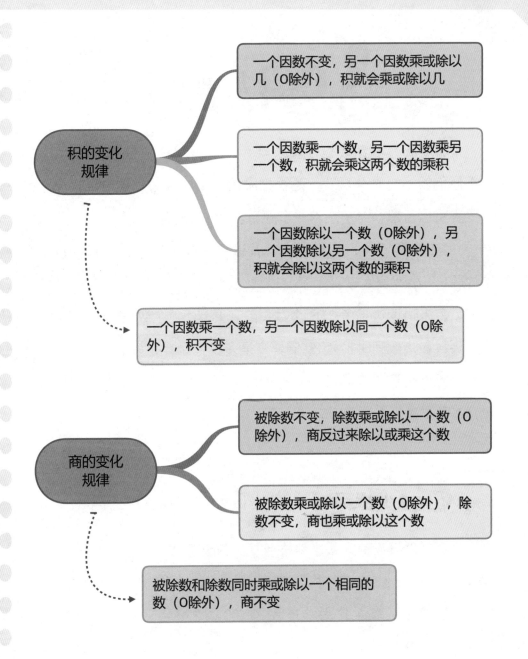

积的变化规律
- 一个因数不变,另一个因数乘或除以几(0除外),积就会乘或除以几
- 一个因数乘一个数,另一个因数乘另一个数,积就会乘这两个数的乘积
- 一个因数除以一个数(0除外),另一个因数除以另一个数(0除外),积就会除以这两个数的乘积
- 一个因数乘一个数,另一个因数除以同一个数(0除外),积不变

商的变化规律
- 被除数不变,除数乘或除以一个数(0除外),商反过来除以或乘这个数
- 被除数乘或除以一个数(0除外),除数不变,商也乘或除以这个数
- 被除数和除数同时乘或除以一个相同的数(0除外),商不变

　　探索和发现以上规律,可以对一些计算题进行简便运算。和蘑菇学院的同学们一起学数学,是不是很有趣?你学会了吗?

看到吉米和凯瑞有了新发现，小罗庚就特别想考考他们，看他们能不能举一反三，是否把魔法真正学会了。这一天，小罗庚冥思苦想，终于想到一个题目。

"吉米和凯瑞，你们快来，我这里有一道智慧大冲浪的挑战题！"小罗庚大喊。

吉米边读边思考："两个数相除，商是 5，余数是 15，如果被除数和除数同时扩大 20 倍，商是多少？余数是多少？"

凯瑞也沉浸在思考中。他们想了好一会儿，商倒是有眉目了，可是关于余数还是没有思路，你能帮帮他们吗？

温馨小提示

可以用假设的方法来解决问题。假设算式是 95÷16=5……15，被除数扩大 20 倍是 95×20=1900，除数扩大 20 倍是 16×20=320，那么算式就变成了 1900÷320=5……300。因此可知，被除数和除数同时扩大 20 倍，商没有变化，但余数会扩大 20 倍。是不是挺有意思呀！你学会假设的方法了吗？

第五章

树洞运动会

——解决问题的策略

再有几天魔法树洞的雨季就过去了，即将迎来最适宜开树洞运动会的季节。小罗庚和伙伴们每天在上课和练习魔法之余，开始热切期待树洞运动会开幕。

这次运动会，主办方把场地的准备工作交给了蘑菇学院，而蘑菇学院的院长又把这项工作交给了丽莎导师。丽莎导师是个非常负责的导师，不会错过任何一个锻炼学生的机会。于是，她把任务交给学生里最细心的杰克后，就外出讲学去了。

这天虽然是星期天，但杰克一大早就准备出发去实地查看。当然，他一定会带上另外三个小伙伴。

瞧，吉米的眼睛还没睁开呢，一路走一路哈欠连天："哈——这么好的天气，在草地上睡一觉一定是个不错的

主意。你们说呢?"谁都没有理会吉米的提议,大家继续说说笑笑地往前走。

翻过山坡,湖边有一块又大又平整的草坪,杰克提议就在这里举行运动会。大家都表示同意,于是杰克挥起魔法棒在草坪上画出了一个**长方形**想作为场地的边线。可大家左右看了看,一致认为这个长方形画得太小了,根本不够用。

凯瑞转头看见吉米还是睡眼惺忪的,就用胳膊捅了捅他:"吉米,你有办法把这个长方形变大吗?"

看到有人主动向自己请教问题,吉米一下子来了精神:"有啊,而且方法不止一种哦!第一种,宽不变,长变大;第二种,长不变,宽变大;第三种,长和宽都变大。"

小罗庚打趣地说:"吉米真厉害,还没睡醒就已经这么聪明了呀!那我问问你,假如这个长方形的长是 8 米,**长增加 3 米**后,**面积增加了 18 平方米**,你知道原来长方形的面积吗?"

凯瑞听到小罗庚的问题也很感兴趣,连正在丈量场地的杰克也被吸引住了。

"听上去真的很难,没有头绪啊!"凯瑞感叹道。

小罗庚提示他:"杰克刚才已经用魔法棒画出了一个长方形,你们也可以试试**用画图的方法解决问题**。"

凯瑞按照小罗庚的提示,挥着魔法棒在地上画起来。只见他先画了一个长方形,然后在这个长方形的基础上又画出增加的部分。不仅如此,他还标出了条件和问题。

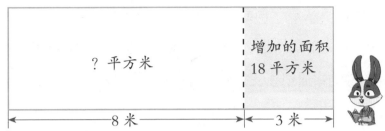

看到这个图，吉米完全醒了："我会了，我会了！ $18 \div 3 \times 8 = 48$（平方米），答案是48平方米！"

杰克解释道："因为有了凯瑞的图，我们都看懂了。用增加的面积除以增加的长，就得到了原长方形的宽。再用原长方形的长乘原长方形的宽，就得到原长方形的面积了。"

几类画图解题的方法

线段图：抓住题目中的条件，分析条件之间的关系，画不同条件的线段进行比较。

表格图：通过列表分清题目中的条件和问题，便于区分和比较。

思路图：用类似思维导图的形式分析题目中的数量关系，把题目中的条件、问题的关系网表示出来。

平面图和立体图：多用于几何题中。也可以用于一些题目中的条件比较抽象，不易直接根据所学知识写出答案的情况。

小罗庚点头表示同意："看来凯瑞的图帮了你们一个大忙。那么，如果一个长方形的宽是 20 米，**宽减少 5 米，面积**就**减少 150 平方米**，你们知道现在长方形的面积吗？"

小罗庚刚说完，吉米抢先一步，先用魔法消除了凯瑞画的图，然后另外画了一个长方形，并像凯瑞一样标出了条件和问题。

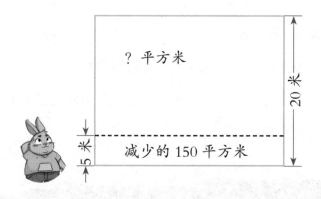

凯瑞则用魔法棒在地上列出一个算式：$150 \div 5 \times (20-5) = 450$（平方米）。

他边列式边解释："我先用减少的面积除以减少的宽，得到原长方形的长，再用原长方形的长乘现在长方形的宽，就等于现在长方形的面积。"

这时，杰克忽然想到了什么："刚才都是小罗庚考我们，我也来考一下小罗庚吧。我们的运动场原来是长 25 米、宽 15 米的长方形，长增加 10 米，宽增加 5 米后，运动场的形状仍然是长方形，那么它的面积增加了多少平方米？"

吉米连声喊："问得好！问得好！**长和宽都变啦**！"

小罗庚正准备画图，却被吉米抢了先。吉米画出的图是这样的。

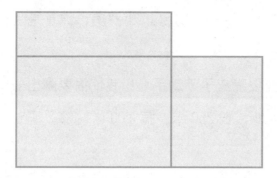

看到他画的图，大伙儿都笑了。

"你们笑什么呀？我画的不就是长也增加了，宽也增加了吗？"吉米莫名其妙地挠挠头。

"可它还得是个**长方形**啊。"小罗庚一语点中问题所在，"瞧我的！"说完，小罗庚重新画起来。

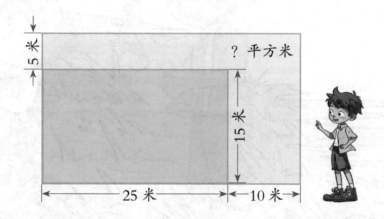

看到小罗庚画的图，吉米这下才明白过来："哦，我知道我错在哪儿了。这样的话，只要用**大长方形的面积减去小长方形的面积**，就是增加的面积了。"

小罗庚点点头："也可以**把增加的部分进行分割，然后把分割的各部分的面积加起来**。"

吉米一把揽过小罗庚的肩膀："小罗庚，你真是太厉害了，我甘拜下风！"

"好啦，别光耍嘴皮子不动手啦！我们需要圈出一个大一点儿的长方形做运动会场地，长 250 米、宽 100 米，够了吗？"杰克征求大家的意见。

"应该够了！"大家异口同声地回答。

在四个小伙伴的合作下，运动会场地很快就圈好了，接着大家一

起把场地整理得干干净净，把主席台、观众台都布置就绪，直跑道、弯跑道、起点、终点也全部被标记得清清楚楚。

树洞运动会这天，四个小伙伴又当起了现场的工作人员。吉米在起点发令，凯瑞在终点计时，小罗庚和杰克，一个记录比赛成绩，一个观察运动员们的比赛情况，防备出现意外。

这次运动会举办得非常成功，老师和同学们都夸奖小罗庚、吉米、凯瑞和杰克的工作做得好。几个小伙伴的心里都像吃了蜜一样甜呢！

数学小博士

名师视频课

　　杰克带着小伙伴吉米、凯瑞和小罗庚一起去寻找并布置召开树洞运动会的场地。他们找到了一块平整的草坪，于是杰克就在那里用魔法圈了一个长方形的场地，可是它太小了，需要变大。聪明的小罗庚想到了用画图的方法来反映长方形面积的变化，从问题或条件出发，分析数量关系，抓住问题中的"变"与"不变"，找到中间问题，以解决最终问题。

　　画图能使数量关系更直观、更清楚。看图分析数量关系，更容易找到解决问题的方法。我们在画图的过程中要根据题目的条件和问题逐步画出示意图，要把条件和问题都在图中表示清楚。

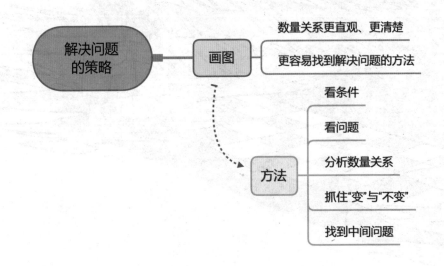

智慧加油站

小罗庚和小伙伴们在建造运动会场地的过程中，运用画图的方法解决了长方形面积发生变化的实际问题。丽莎导师看了他们布置的场地后，非常满意。她又给小罗庚他们布置了新的任务：现在蘑菇学院需要在一块正方形草坪四周向外修一条 2 米宽的小路，草坪的边长是 15 米。你能帮他们算算，小路的面积是多少平方米吗？（提示：先画图来分析理解题目，仔细分析问题中的数量关系来解决问题。）

温馨小提示

借助画图的方法，我们可以想到下面两种解决问题的思路。

思路一：大图形减去小图形

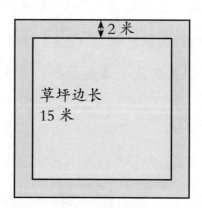

解决问题的关键在于找到包括小路在内的大正方形的边长，是 $15+2+2=19$（米）；再求出大正方形的面积，是 $19 \times 19 = 361$（平方米）；然后算出正方形草坪的面积，是 $15 \times 15 = 225$（平方米）；最后用包括小路的大正方形的面积减去正方形草坪的面积，是 $361-225=136$（平方米）。

　　思路二：分割图形

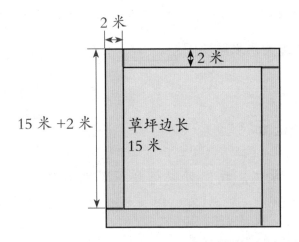

　　（1）把小路的面积分割成 4 个长 17 米、宽 2 米的长方形，先求出一个长方形的面积，是 $17 \times 2 = 34$（平方米），再求 4 个长方形的总面积，也就是小路的面积，是 $34 \times 4 = 136$（平方米）。

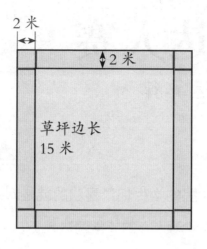

2 米

2 米

草坪边长
15 米

（2）把小路的面积分割成 4 个边长为 2 米的小正方形和 4 个长 15 米、宽 2 米的长方形，先分别求出 4 个小正方形和 4 个长方形的面积，是 2×2×4＝16（平方米）和 15×2×4＝120（平方米），再把它们的面积相加，是 16+120=136（平方米）。

第六章 >

学院达人赛
——运算律

一年中，蘑菇学院的学生们最喜欢的就是四月。因为四月不但有树洞运动会，还有最激动人心的"学院达人赛"。

学院达人赛是专门为蘑菇学院的学生设计的，比赛根据学生不同方面的技艺，设置了各式各样的达人专项赛。每个人都有自己的特长，只要你敢大方地展示出来，就有机会成为某一方面的"达人"。上一届学院达人赛中，很多人都被评选为达人，不仅有歌唱达人、舞蹈达人、魔术达人、美食达人、书法达人、绘画达人、体育达人，还有巧算达人、速算达人、馋嘴达人、瞌睡达人、百事通达人、大食量达人……这么有意义又有趣的比赛，大家都跃跃欲试。在上一届比赛中成功成为达人的，这次还想继续挑战自己；在上一届比赛中遭遇失败的选手，这次将重整旗鼓、再接再厉。

吉米在上一届比赛中挑战大食量达人失败，这一届比赛他想要挑战的是馋嘴达人。据说本届比赛中挑战馋嘴达人的挑战者有十多位呢，竞争十分激烈。无论什么味道、形状、分量的食物都想吃，就是馋嘴达人的最高标准。

凯瑞做事比较认真，他想挑战的是细心达人。本届比赛中细心达人需要挑战的任务是 10 分钟内把细线穿过 200 个针眼，而且不能刺到手指。这个任务非常有难度，只有极其细心的挑战者才能成功。

杰克是上届比赛的百事通达人，本届比赛中挑战他达人地位的挑战者有一百多人，稍不留神就可能被人拉下达人宝座。他需要做的就是积累广博的知识，一战到底。

看到三位小伙伴都有自己的目标，小罗庚不禁焦虑起来：我到底在哪方面有特长呢？说起来我好像棋艺不精，舞艺一般，歌喉将就，体育及格，美术 just so so（一般般）……没有一个拿得出手的技艺。怎么办啊？

三位小伙伴也在帮小罗庚想办法。吉米思索了一下说："我觉得你

在蘑菇学院的这些日子里，每次魔法课的表现都非常出色，你可以考虑一下数学魔法方面的达人赛呀。"

凯瑞立即附和："是的，我们都很佩服你的！"

小罗庚想了想，对吉米和凯瑞说："你们的这个建议倒是不错，可是数学魔法类的达人赛也分好几个项目，我该怎么选呢？"

杰克马上想到了："你可以报速算达人呀！"

"速算达人好像不太行，我的计算速度可不算快，肯定比不过人家。"小罗庚连连摆手，拒绝了这个提议。

就在大家热火朝天地讨论时，吉米又走神了。他的眼睛东瞧瞧，西看看，忽然看到旁边的书架上有一本叫《**巧算魔咒**》的书。吉米顿时眼前一亮，兴奋地喊了起来："我知道你应该报什么项目了，就报巧算达人吧！"

"对啊，小罗庚很擅长巧算，报巧算达人一定没问题！"大伙儿都赞成吉米的意见。

小罗庚心里还是有点儿没底，挠着头小声说："我虽然会巧算，但还算不上高手吧……"

"不要这么轻易就放弃，看看这个。"吉米跑过去把《巧算魔咒》从书架上拿下来，递给小罗庚。

小罗庚翻开《巧算魔咒》的第一页，看到了熟悉的**加法交换律**，再往后翻是**加法结合律、乘法交换律、乘法结合律**，书中还夹着两张金色的书签，上面记录着**乘法分配律**。

看完这本《巧算魔咒》，小罗庚信心大增，书中记载的这些运算规律，他早就已经掌握了。他合上书，轻轻拍了拍书的封面："放心吧，我一定会成为巧算达人的。"

"这么有信心？那我先来考考你。"凯瑞拿过书翻开一页，问道，"你说说交换律是什么意思。"

"很简单，"小罗庚答道，"**交换律**就是交换两个数的位置而计算结果不变的规律。"

"是吗？"凯瑞听了追问道，"加法、减法、乘法、除法都可以交换两个数的位置吗？"

小罗庚歪着脑袋想了想，说："减法和除法不能使用交换律，只有加法和乘法才能使用交换律。用字母表示就是：$a+b=b+a$，$a×b=b×a$。"

"那么结合律呢？"凯瑞接着提问。

小罗庚立刻回答："**结合律**在三个数连加或者三个数连乘时可以使用。可以先把前两个数相加或相乘，再加或乘第三个数；也可以先把后两个数相加或相乘，再加或乘第一个数。用字母表示就是：$(a+b)+c=a+(b+c)$，$(a×b)×c=a×(b×c)$。"

见小罗庚回答得又快又准，吉米来了兴致。他瞄了一眼书，抢着问："那什么是乘法分配律呢？"

"我举个例子吧，如果你买了 3 条魔毯，每条 150 个蘑菇币，还买了 3 把魔法扫帚，每把 50 个蘑菇币，那么你会怎样计算呢？"小罗庚启发起吉米来。

吉米用魔法棒在地面写下他的算式：$3 \times 150 + 3 \times 50$。

"你还有其他的方法吗？"小罗庚再次提醒。

吉米仔细想了想，又写下另外一个算式：$3 \times (150 + 50)$。

"这两个算式的结果又是怎样的呢？"小罗庚再问。

"是相等的！"吉米用等于号连接起了两个算式：$3 \times 150 + 3 \times 50 = 3 \times (150 + 50)$。

"你还能仿照着它写出一些这样的算式，再算一算左右两边是不是相等的吗？"小罗庚俨然就是一个小老师。

"当然可以，我还能写很多很多呢！"吉米自信满满。只见他拿起魔法棒又开始写起算式来：

$$10 \times (8+4) = 10 \times 8 + 10 \times 4$$

$$23 \times (6+12) = 23 \times 6 + 23 \times 12$$

……

就在吉米写到第八个算式的时候，小罗庚发问了："像这样的算式，你写得完吗？"

吉米已经有点儿累了："写不完呀，根本就没有尽头。累坏我了！"

"那你能用一个等式表示出这样的一类等式吗？"小罗庚再问。

"一个？表示所有？这怎么可能呢？"吉米瞪大眼睛，一副不敢相信的神情。

这时，杰克拿出他的魔法棒，写下了：$(a+b) \times c = a \times c + b$

$\times c$。

凯瑞最先反应过来："原来就是用字母来代表这三个数啊！"

"我知道，"吉米说，"这个等式的意思是两个数的和与一个数相乘，可以先把它们与这个数分别相乘，再相加，结果不变。"

小罗庚笑着给他们鼓掌："是的，这就是**乘法分配律**！"

"小罗庚，你太厉害了！"三个小伙伴由衷地赞叹道，"你一定能成为巧算达人的，我们相信你！"得到大家的鼓励，小罗庚更有信心了。

就在这时，凯瑞看到丽莎导师正往他们这边走来，他一边喊着"小罗庚加油"，一边向着丽莎导师飞奔而去。

小罗庚看到他们两人行走的过程，又有所悟："看到凯瑞和丽莎导师两人出发并相遇的过程，我又想到一个数学问题。"吉米和杰克好奇地看过去，没想到小罗庚竟如此善于探索数学与生活之间的联系。

对于小罗庚来说，事事皆数学啊。他兴奋地问大家："假设他们两人同时分别从

A 地和 B 地出发，相向而行，凯瑞每分钟走 65 米，丽莎导师每分钟走 75 米，2 分钟后两人相遇。那么 A 地和 B 地相距多远？"大家都陷入了沉思。

杰克拿出魔法棒，又开始画图，表现得十分积极。看来，他很喜欢这种解决问题的方法。

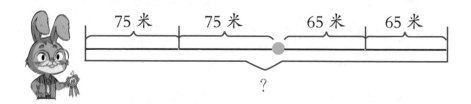

看到杰克画的图，吉米的心里立刻有了答案，他是这样计算的：65×2+75×2。而杰克的算法则是：(65+75)×2。

小罗庚表扬道："你们两人果然是好朋友，列出的算式虽然不同，但各有理由，都是正确的。一个是**先**算出凯瑞走的路程，**再**加上丽莎导师走的路程，等于总路程；另一个是**先**算出两人的速度和，**再**乘时间，等于路程和。这两个算式刚好**符合乘法分配律**。"

说到这里，小罗庚又想到了运动会比赛过程中的一幕，就给大家出了道题："1 号运动员和 2 号运动员同时从起点出发向终点跑去，1 号运动员每分钟跑 300 米，2 号运动员每分钟跑 250 米，3 分钟后两人相距多少米？"大家听到这个问题，又开动各自的小脑筋，开始攻克这座"大山"。

吉米刚想直接报出算式，但转念一想，还是不能粗心，不能冒失，万一没算对可是件丢脸的事。于是他也开始画图。

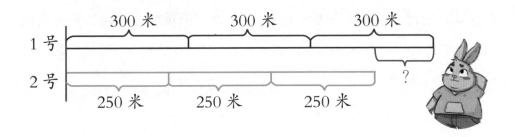

他结合自己画的图，又重新列了两个算式。好险，幸好画图了，不然又要犯错！

"我的方法有两种，分别是 300×3 − 250×3 和（300 − 250）×3。因为这里求的是两人的距离，在这个问题中也就是**路程差**，所以用减法。这两个算式也**符合乘法分配律**，不过是乘法**对减法**的分配律。"吉米的解释获得了大家的一致好评，这个问题也迎刃而解了。

在之后的日子里，大家都在紧张地为达人赛做准备，希望自己能获得好成绩。

日子一天天过去，很快就到了 4 月 30 日。这一天，蘑菇学院的广场上人山人海。四个小伙伴分头行动，他们都决心要在学院达人赛上一战成名。

小罗庚来到举行数学魔法达人比赛的场地，一眼就看到了巧算达人赛区，在这里参赛的挑战者不是太多，上届比赛的巧算达人作为擂主正在擂台的中心选择挑战者。

只见擂主大手一挥，选择了 2 号挑战者。

擂主自己拿到的题目是 13×2 + 8×13，他用魔法棒三两下就写下了 "= 13×（2 + 8）= 130"。挑战者拿到的题目是 102×45，他也使用魔法棒写下了 "=（100 + 2）×45 = 100×45 + 2 = 4502"。小罗庚看

到这儿，暗想：2 号选手太粗心啦！45 既要分配给 100，也要分配给 2 啊，应该是 "=100×45+2×45＝4590"。果不其然，2 号挑战者的挑战以失败告终。

擂主得意扬扬，又选择了 1 号挑战者。

因为擂主第一轮胜出，所以第二轮由 1 号挑战者先答题，题目是

199×35。1号挑战者没有使用魔法棒，而是口算，可见他对自己非常有信心。他计算出的结果是665。小罗庚一皱眉：哎呀，又错啦！应该是（200−1）×35＝200×35−1×35＝7000−35＝6965啊。接着，擂主正确解出了这一题，1号挑战者也失败了，垂头丧气地走下擂台。

擂主眉开眼笑，认为自己"巧算达人"的称号唾手可得。第三轮

他选择的是 14 号挑战者。

14 号挑战者先答题，他的题目是 345×101−345。只见14号挑战者用魔法棒手忙脚乱地写了半天，最后停留在"=345×100＋345"上就写不下去了。小罗庚心里真为他着急：应该是"=345×（101−1）"，后面的 345 是 345×1 呀……还没等小罗庚想完，时间到了，擂主依旧正确解出了题目，14 号挑战者也落败了。

三轮比赛接连胜出，看来这位擂主还真厉害！

擂主选择的下一位挑战者，是 6 号——小罗庚。

小罗庚拿到的题目是 25×43＋35×25＋22×25。小罗庚不敢大意，

回文数猜想

一个正整数，如果从左向右读（正序数）和从右向左读（倒序数）是一样的，这样的数就叫"回文数"，如1221。有数学家提出过一个猜想：不论开始是什么正整数，在经过有限次正序数和倒序数相加的步骤后，都会得到一个回文数。这就是"回文数猜想"。即任取一个正整数，如果不是回文数，则将该数与它的倒序数相加，如果和不是回文数，则重复上述步骤，最终一定能获得一个回文数。如 68变成154（68＋86），再变成605（154＋451），最后变成1111（605＋506）这个回文数。但这只是一个猜想，数学家们至今为止还不能证明这个猜想是否正确。

他在脑子里仔细盘算了一下,随后拿出魔法棒在空中写下 "=25×(43 + 35 + 22) = 25×100 = 2500"。他刚写完,观众席就响起了热烈的加油声和掌声。看来小罗庚的人气也很旺啊!很多人希望他能击败擂主,给学院达人融入新鲜的血液。不过想战胜擂主可没那么容易,擂主拿到的题目是 67×123 + 67×78 - 67。 他只看了一眼算式,便以最快的速度写出 "=67×(123 + 78 - 1) = 67×200 = 13400"。人群中一下爆发出了欢呼声,看来擂主的支持者一点儿都不比小罗庚少。

由于第四轮比赛的挑战者与擂主打了个平手,所以第五轮由擂主先答题。擂主的题目是 999×778 + 333×666。看到这道题,擂主的额头冒出了豆大的汗珠。看来这次他碰到了"硬骨头",无论怎样努力,也无法破解其中的奥秘。时间一分一秒过去,倒计时结束,擂主无奈自动弃权。

而在后面的比赛中,小罗庚一路过关斩将获得了最终的胜利,被评为"巧算达人"。小罗庚的支持者瞬间发出一阵欢呼声,震耳欲聋。

然而,当裁判要给小罗庚颁发达人奖杯时,人群中突然传来一个声音:"如果他能解开刚才擂主的那道难题,我们才会承认他是巧算达人!""是的!""一定要解开!"人群骚动起来,这些人都是擂主的忠实粉丝。他们看到擂主败下阵来,很不服气,就想用这道题刁难小罗庚。可他们显然不了解小罗庚的水平。小罗庚清了清嗓子,看了看四周,骄傲地回答:"各位同学,别着急,我会让你们心服口服的。"说完他自信地挥动魔法棒书写起来 "=999×778 +(333×3)×222 = 999×(778 + 222) = 999×1000 = 999000"。

答案完全正确!人们都佩服得五体投地,爆发出雷鸣般的掌声和

欢呼声:"巧算达人——小罗庚!巧算达人——小罗庚!"

在不远处的擂台赛上,杰克守擂成功,吉米在最后一轮败给擂主,有点儿可惜,而凯瑞只差两根针就破纪录了。

他们相约来年还要挑战自我,挑战擂主,不断进步,不断超越!

数学小博士

名师视频课

在学院达人赛上，伙伴们都推荐小罗庚去参加巧算达人的比赛。小罗庚在翻看完《巧算魔咒》后，信心十足地去参加比赛。比赛中，运算律的知识帮了他大忙。然而更让小罗庚高兴的是，无论是加法交换律、加法结合律、乘法交换律、乘法结合律，还是乘法分配律，这些知识都变成了他脑子里的"宝藏"。

想要成为巧算达人，必须能理解运算律的含义，能熟练运用运算律进行简便运算，并解决相关的问题。小罗庚一路过关斩将，成了新届巧算达人。那么，你掌握运算律的相关知识了吗？

让我们再巩固一下这些知识吧！

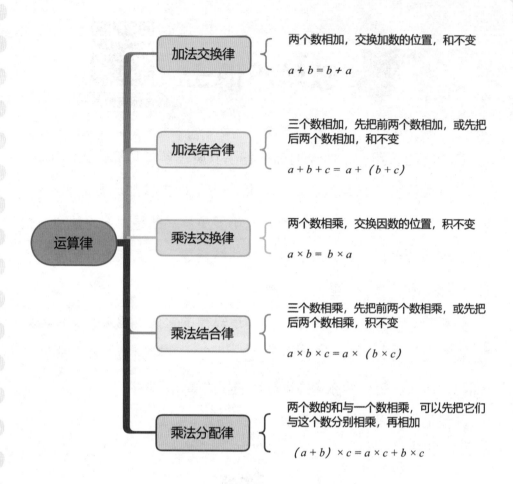

加法交换律　两个数相加，交换加数的位置，和不变

$a + b = b + a$

加法结合律　三个数相加，先把前两个数相加，或先把后两个数相加，和不变

$a + b + c = a + (b + c)$

运算律

乘法交换律　两个数相乘，交换因数的位置，积不变

$a \times b = b \times a$

乘法结合律　三个数相乘，先把前两个数相乘，或先把后两个数相乘，积不变

$a \times b \times c = a \times (b \times c)$

乘法分配律　两个数的和与一个数相乘，可以先把它们与这个数分别相乘，再相加

$(a + b) \times c = a \times c + b \times c$

智慧加油站

小罗庚运用运算律的知识获得了"巧算达人"的称号，别的小伙伴都非常羡慕他，想跟他学习知识。于是，小罗庚就出了两道巧算的题目，说："只要你们能用简便方法解出来这些题，明年你们就有希望成为新的巧算达人！"

说着，小罗庚把题目写在了黑板上：

$$360 \times 52 + 480 \times 36 \qquad 999 \times 8 + 111 \times 28$$

几个小伙伴看到题目就沉浸在思考中，但想了好一会儿也没想出来。你能帮帮他们吗？

温馨小提示

第 1 题，根据"一个因数扩大 10 倍，另一个因数缩小 10 倍，积不变"的规律，把"360×52"改写成"36×520"，这样原题就变成了：$36 \times 520 + 480 \times 36$，前后两个乘法算式就出现了共同的因数 36，再用乘法分配律进行简便计算，即：$36 \times 520 + 480 \times 36 = (520 + 480) \times 36 = 1000 \times 36 = 36000$。当然也可以把"$480 \times 36$"改写成"$48 \times 360$"，这样原题就变成了：$360 \times 52 + 48 \times 360$，再用乘法分配律进行简便计算，即：$360 \times$

（52+48）=360×100=36000。

第2题，可以发现999与111有共同点，所以把"999×8"改写成"111×9×8"，利用乘法结合律进一步改写成"111×72"，原题就变成了：111×72+111×28，前后两个乘法算式就出现了共同的因数111，接着再用乘法分配律进行简便计算，即：111×（72+28）=111×100=11100。

第七章
嘻哈游乐园
——三角形

这个周末阳光明媚，小罗庚和凯瑞、吉米聚在蘑菇学院前的草坪上悠闲地聊着天。

"今天天气这么好，咱们去哪里玩呢？"吉米觉得好天气不能浪费。凯瑞想了想，建议道："我们去魔法树洞里最好玩的地方——嘻哈游乐园吧。""听起来好像很有趣，我们一起去转转！"小罗庚非常感兴趣，吉米也在旁边点着头。

于是，凯瑞挥舞着魔法棒念起了咒语："魔法魔法变变变，带我们去嘻哈游乐园！"

小罗庚觉得身体一下子变得轻飘飘的，还没来得及开口问是怎么回事，就来到了一座水晶城堡前。

"我太喜欢嘻哈游乐园啦！我们赶快进去吧！"吉米兴奋地边跳边喊着。

三人来到城堡

的水晶大门前，大门缓缓打开，进去后里面还有一扇门，门旁出现了一个巨大的屏幕，屏幕上闪现出很多形状不同的三角形，旁边还有一行字。

　　凯瑞一拍脑袋："对了，每次进入游乐园都需要闯关，这是规矩！我看看这次是什么问题——请把**同类的三角形**放在一起。"

　　"我先来！"吉米性子最急，伸手把屏幕里有直角的三角形都挑出

来放到一起。但他们等了一会儿，这扇门却没有反应，屏幕里的三角形都回到了原位，看来只把有直角的三角形放到一起不行啊！

凯瑞见状上前帮忙，他把有钝角的三角形都挑出来放到一起，其他的放到一起，门依然没有打开。"这样也不行。那怎么办呢？"凯瑞叹息着。

"会不会是我们的运气太差了？"吉米也一脸沮丧。

"让我来试一试吧。"小罗庚说。只见他把有直角的三角形放到一起，再把有钝角的三角形放到一起，剩下的三角形放到一起。这时，红光一闪，屏幕上出现了"欢迎光临"四个大字，而屏幕旁边的门也在悦耳的音乐声中缓缓打开了。

"我明白了！"凯瑞兴奋地拉着吉米，"你看，刚才咱俩把这些三角形分成了两类，是不对的，小罗庚分成三类就成功了。所以三角形应该可以分为**三类**。"

小罗庚笑着点点头："是呀，你发现三角形分类的秘密啦！"

吉米眨巴着眼睛问小罗庚："为什么要分成这三类？"

小罗庚指着屏幕说："我按照三角形独有的特点，把它们分成了**锐角三角形**、**直角三角形**和**钝角三角形**。"

吉米听得很认真，但还是不太明白。于是他忍不住连问三个问题："什么样的三角形是锐角三角形？什么样的三角形是直角三角形？什么样的三角形是钝角三角形？"

"你们要不要试着猜一猜？"小罗庚笑着对他们说。

凯瑞抓了抓脑袋："丽莎导师从没给我们讲过这些。唉，如果杰克在的话，他一定懂的。"

"他可是我们班的小博士呀！"吉米深表同意。

"你们两个也很聪明啊！别放弃，再仔细想想，一定能找到答案。"小罗庚引导他们再次尝试，目的就是让他们开动脑筋，认真思考，能够自主学习。

"让我想想啊……"吉米若有所思地说，"锐角三角形、直角三角形、钝角三角形，既然它们的名称中都含有什么'角'，那一定是**按角的特点来分类**的。"

凯瑞点点头表示同意："先来看这些锐角三角形，它们三个角的度数一看就都非常小，应该都是锐角。那么直角三角形、钝角三角形的三个角分别有什么特点呢？"

"用魔法棒变一些三角形出来，实际研究一下，怎么样？"小罗庚提议道。

吉米抽出魔法棒念起咒语来，空中立刻出现了 12 个各不相同的三角形。看得出吉米已经比以前自信多啦，用起魔法来干脆利落。

凯瑞仔细观察着这些三角形，发现它们角的大小各有特点：有一些三角形只有一个角特别大，大于 90°，是钝角，另外两个角都小，是锐角；有一些三角形只有一个角是 90°，另外两个角也小，也都是锐角；有一些三角形就像凯瑞说的，三个角都小，都是锐角。

于是，他挥动魔法棒把吉米变出的三角形分成了三大类，然后解释道："我知道了！**三个角都是锐角**的三角形是**锐角三角形**，**有一个角是直角**的三角形是**直角三角形**，**有一个角是钝角**的三角形是**钝角三角形**。"

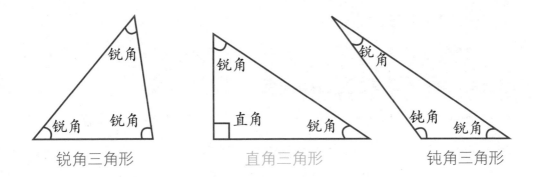

锐角三角形　　　　　　直角三角形　　　　　　钝角三角形

小罗庚冲着凯瑞竖起了大拇指。

"我也有发现啦！直角三角形和钝角三角形中有两个角都是锐角。也就是说，**所有的三角形都至少有两个锐角**。"吉米开心地大叫起来。

小罗庚笑了笑，总结道："锐角三角形、直角三角形和钝角三角形共同组成了三角形这个大家庭。"

随着小罗庚的话，凯瑞用魔法棒画出一个三角形的分类图，并转头看看小罗庚，问："是这样吗？"

三角形

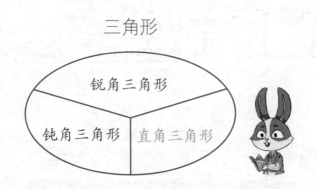

小罗庚看了看，连声夸道："非常棒，完全正确！"

顺利通过大门以后，三个人有说有笑地走进游乐园。吉米忽然想起一个地方："丽莎导师说嘻哈游乐园中有一个音乐喷泉，非常有趣，

我们一起去看看吧！"

凯瑞也记起来了："我听杰克说过，它不只是音乐喷泉，还是智慧喷泉呢。我也觉得有必要去探索一番。"

"智慧喷泉？难道它能给人带来智慧吗？那这是音乐的魔法，还是泉水的魔法呢？"小罗庚的好奇心又被勾了起来。

三个人热烈地讨论着，不知不觉来到了音乐喷泉的位置。这个音乐喷泉比普通的喷泉大得多，喷泉中央有一个看台，是水晶做成的三

棱柱形状。三个小伙伴一坐上观景座位，周围就响起了美妙的音乐，看台也慢慢升起来了。

伴随着音乐节奏变换，喷泉的水形也在不断变换。令他们三个大吃一惊的是，那喷泉竟然在不断喷出各类三角形。

"凯瑞，你发现了吗？这个喷泉喷出的三角形虽然也都是锐角三角形、直角三角形和钝角三角形，但我总觉得这些三角形都很特殊。可到底特殊在哪里，我说不出来。"吉米说完又开始思考了。

"是的，我也发现了。我觉得这些三角形有一种神奇的美，但美在哪里呢？"凯瑞的脑子里突然灵光一闪，"对了，是**对称美**！如果沿着这些三角形的**中线对折**，两边的图形是**可以完全重合**的。"凯瑞激动得快要跳起来了。

奇怪的是，吉米和凯瑞说得热火朝天，小罗庚却一直盯着喷泉默不作声。

"小罗庚，你有什么发现吗？"吉米好奇地问。

"我觉得，根据角的不同，三角形可以分成锐角三角形、直角三角形和钝角三角形。而现在喷泉所展示的三角形可以换个角度来思考，除了角，我们还可以想想三角形的——"

"边！"小罗庚还没说完，吉米和凯瑞就异口同声地说出了答案。

小罗庚点了点头，继续说道："其实刚才凯瑞已经猜出来了，这些三角形的特殊之处就在于——"

"有两条边是相等的！"吉米抢先回答。

小罗庚边点头边说："不过这只是我们的猜想，要知道对不对，还需要——"

"验证!"这次轮到凯瑞抢话了,"魔法魔法变变变,水晶直尺变出来!"

话音刚落,一把直尺就变了出来,凯瑞拿起直尺就去量三角形的边。他可真是个急性子呀!

"果然这些三角形都有两条边是相等的。"凯瑞开心地宣布验证结果。吉米开心地鼓起了掌。

小罗庚又摆出小老师的模样来:"**有两条边相等**的三角形,叫作**等腰三角形**,相等的两边是它的**腰**,另外一边是它的**底**。这样的三角形,边特殊,角也特殊。它的两条腰组成的角叫**顶角**,另外的两个角叫**底角**。"

吉米有了新发现:"两个底角看上去一般大,我来验证一下是不是这样。魔法魔法变变变,水晶量角器变出来!"念完咒语,他用变出来的水晶量角器开始测量不同的等腰三角形的底角,然后大声宣布:"等腰三角形的两个**底角**是**相等**的。"

"这个音乐喷泉,居然隐藏着这么多三角形的知识,怪不得大家说它是'智慧喷泉'呢!"凯瑞一边欣赏着喷泉一边感叹。

第一首曲子结束以后，新的乐曲开始。喷泉喷出的三角形也随着音乐的变换而改变。

"现在的乐曲更动听，喷泉喷出的三角形也更美了！"小罗庚指着喷泉说道，"三角形按边分的话可以分为等腰三角形和等边三角形，刚才的喷泉喷出的是等腰三角形，现在这些就是**等边三角形**啦。"

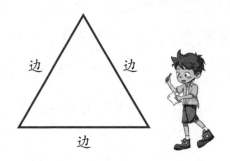

吉米根据经验猜测道："等边三角形应该就是三条边都相等的三角形吧？"

凯瑞很谨慎地说："应该是这样。不过还是测量一下比较好。"说完，他又用水晶直尺仔细测量了好几个喷泉喷出来的三角形的边，果然每个三角形的**三条边**都**相等**，而且**三个角**也都是**相等**的。

小罗庚冲着凯瑞竖起了大拇指："你做得对！先猜想，再验证，可以确保结论的正确性。回去以后我们把这些发现分享给同学们，这样大家就都可以对三角形有进一步的了解啦！"

三个人开心地观赏着美丽的喷泉，乐曲逐渐演奏到了尾声，小罗庚突然转头给吉米和凯瑞提了一个问题："既然你们已经认识了等边三角形，如果我给你们一把没有刻度的直尺和圆规，你们能画出等边三角形吗？"

吉米和凯瑞愣了一下，然后都摇着头说太难了，请求小罗庚教他们。

小罗庚清了清嗓子，讲解起来："首先用直尺画一条任意长度的线段，作为等边三角形的一条底边；然后把圆规的针尖和笔端分别对准线段的两个端点，使圆规的针尖和笔端的距离与线段的长度相等；接着把圆规的针尖固定在线段的一个端点上，画一条弧线；之后再把圆规的针尖固定在线段的另一个端点上，再画一条弧线；这两条弧线的交点就是等边三角形的一个顶点，最后把这个顶点与线段的两个端点连起来，就可以画出一个等边三角形了。"

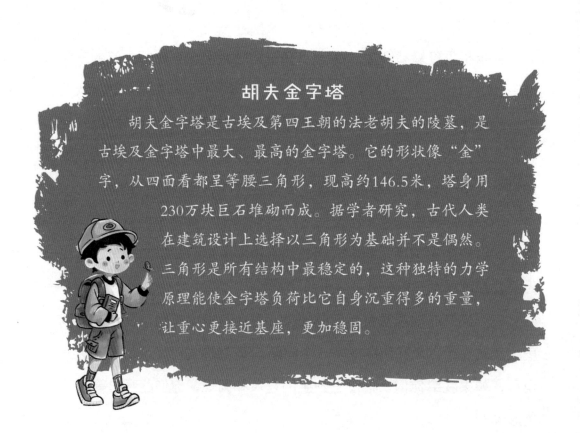

胡夫金字塔

胡夫金字塔是古埃及第四王朝的法老胡夫的陵墓，是古埃及金字塔中最大、最高的金字塔。它的形状像"金"字，从四面看都呈等腰三角形，现高约146.5米，塔身用230万块巨石堆砌而成。据学者研究，古代人类在建筑设计上选择以三角形为基础并不是偶然。三角形是所有结构中最稳定的，这种独特的力学原理能使金字塔负荷比它自身沉重得多的重量，让重心更接近基座，更加稳固。

　　吉米和凯瑞按照小罗庚说的方法果然画出了几个大小不同的等边三角形，两个人都高兴得跳了起来。

　　嘻哈游乐园里不时回荡着三个小伙伴的欢声笑语，真是快乐的一天！

　　凯瑞用魔法棒带小罗庚和吉米来到了嘻哈游乐园。在游乐园的大门口，他们遇到了给三角形分类的问题。在小罗庚的帮助下，他们掌握了三角形按角分类的知识，并顺利打开了游乐园的大门。在观看音乐喷泉时，他们又发现三角形不仅能按角分类，还能按边分类。现在我们把和三角形有关的知识点梳理一下。

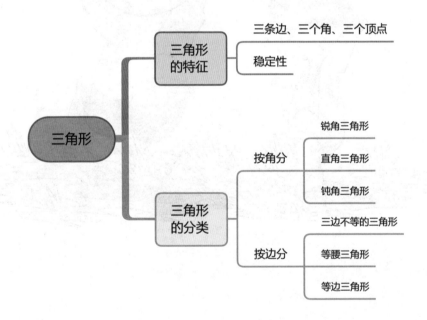

　　在嘻哈游乐园，吉米和凯瑞学会了很多有关三角形分类的知识。能和他们一起学这么有趣的数学知识，你也一定非常开心吧！让我们做个有心人，一起走进生活当中，看看都有哪些地方用到了三角形。

几个小伙伴今天在嘻哈游乐园里有不少收获。回到蘑菇学院后，小罗庚还沉浸在对三角形的研究中："我们知道三角形的周长就是围成三角形的三条边的总长度。如果有一个等腰三角形，它的两条边分别长5厘米和12厘米，那这个三角形的周长会是多少呢？"

温馨小提示

我们知道，等腰三角形的两条腰的长度相等，题目中说它有两条边分别长5厘米和12厘米，那么它的第三条边可能是5厘米，也可能是12厘米。接着验证一下可能性：如果等腰三角形的三条边分别长5厘米、5厘米和12厘米，那么5＋5＜12，两边之和小于第三边，不可能围成三角形；如果等腰三角形的三条边分别长5厘米、12厘米和12厘米，那么5＋12＞12，12＋12＞5，两边之和一定大于第三边，能围成三角形。所以这个等腰三角形的周长是5+12+12=29（厘米）。

第八章 >

魔法研究课
——平行四边形和梯形

这天，丽莎导师带着学生们到魔法工坊去上魔法研究课，大家都非常高兴。

"魔法研究课上要做什么啊？"小罗庚忍不住问旁边的杰克。

"嘘——"杰克做了一个手势，提醒小罗庚注意听讲，小罗庚红着脸点点头，看向丽莎导师。

丽莎导师清了清嗓子，说："今天这节实践课，每个小组都可以选择四根小棒，试着拼成一个平面图形。我期待每个小组都能有与众不同的发现。加油吧！"

杰克被分到 1 号小组，他这个小博士自然就成了小组的领导者。小罗庚和凯瑞坐在 2 号小组的座位上，因为之前有几次成功的研究，所以凯瑞显得比以前更加自信了。吉米自豪地站在 3 号小组中，他是班上进步最快的，所以被组员推选为组长。

各小组研究了一会儿后，吉米代表 3 号小组把手举了起来。"吉米，请说说你们小组的发现。"丽莎导师一脸微笑地看着吉米。

吉米干咳了一下，慢条斯理地开始了他的讲述："我们小组先选择了四根长度相同的小棒，拼成了一个**正方形**。我们发现正方形的**四条边相等**，**四个角**都是**直角**。"

边

他刚想坐下，旁边的女孩儿推推他，指着他们小组拼的另一个图形提醒吉米。"哦，我们还有另一个方案，用两对长度分别相同的小棒拼出了**长方形**。长方形的**对边相等，四个角**和正方形一样也都是**直角**。"吉米又想坐下，女孩儿实在忍不住了，插嘴说："我们小组还发现**正方形是特殊的长方形**，当长方形的长和宽相等时，就成了正方形。"

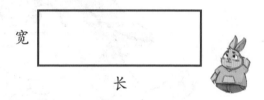

宽

长

对于她的补充，大家给予了掌声，吉米也满意地坐下了。

丽莎导师继续说："其他小组也来说一说你们的发现吧！"

小罗庚碰了碰凯瑞的胳膊，鼓励他发言。于是，凯瑞举手说："我们小组拼成的是**平行四边形**。我们发现平行四边形的**对边**是**相等**的，而且是**互相平行**的。它的**对角**也是**相等**的。"凯瑞微笑着说。

凯瑞小组也有一个女孩儿站起来补充道："我们还仿照三角形，研究了平行四边形的底和高。我们发现平行四边形的四条边都可以作为底，这样就有**四组底和高，每一组的底**都对应着**无数条高**，而且**同一条底边上的高相等**。"

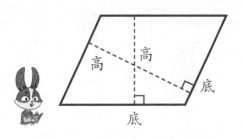

"说得好！平行四边形是一种两组对边分别平行而且相等的四边形。你们不仅研究了平行四边形的对边和对角，同时还了解了底和高。有水平！"丽莎导师的夸奖让凯瑞和小组里的其他人眉开眼笑。

"另外，补充一点，正因为平行四边形的边和角的这些特点，所以平行四边形是一种**容易变形**的图形，比较**不稳定**。"丽莎导师提醒大家。

终于轮到杰克了："我们小组拼成的是**梯形**。大家都知道梯形，但可能还不是十分了解它。梯形只有**一组对边**是**平行**的，**另外一组**对边**不平行**，是梯形的**腰**。我们还知道梯形有**上底**、**下底**和**高**。"说着，杰克在黑板上用彩色蘑菇开始画图。

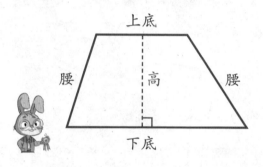

"对了，大家可能没有注意到，现在我画的只是普通的梯形，而在

梯形美与布达拉宫

在我国西藏地区，很多建筑的外观都呈上窄下宽的梯形结构。无论是宫殿还是民居，无论是古老建筑还是现代建筑，只要你仔细观察，就能发现其中大部分都包含着梯形元素，例如著名的布达拉宫。布达拉宫的整体轮廓看起来就是一个梯形，它的墙面、窗户和窗户外的窗套的外形大多数也都是梯形。

梯形家族还有特殊的梯形。"杰克又开始画图了，大家都看得目不转睛。看来大家都对杰克小组的研究成果十分感兴趣。

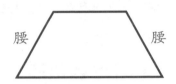

"看这个图，大家有没有发现这种梯形的特殊之处？"杰克像老师一样开始发问。

"我知道，这个梯形的两条腰是相等的。"大家不用回头就知道是吉米说的了，他的小脑瓜有时候转得挺快呢。

"恭喜你，答对了！这就是等腰梯形。"杰克点头称赞，"除了这种边特殊的梯形，还有一种角特殊的梯形，那就是直角梯形。它有两个角都是直角。"说着他又在黑板上画起了图。

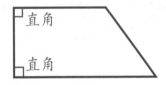

大家都听得津津有味，连连点头。而丽莎导师听完学生们的精彩发言后，欣慰地笑了。

"哪位同学愿意分享一下今天的收获？"丽莎导师微笑地看向同学们。

　　这时，小罗庚站了起来。大家这才发现小罗庚今天还没有发言呢，都充满了期待。

　　小罗庚环视四周，开始了他的发言："今天丽莎导师让我们选择四根小棒围成平面图形进行研究。事实上，我们最终围成的都是四边形。根据大家的研究成果，如果我们把**四边形**看作一个大家族，那么这个大家族中就有一个家族是**平行四边形**，还有一个家族是**梯形**。然后，在平行四边形家族中有**长方形**家族，长方形家族中还有**正方形**家族；而梯形家族又分为**等腰梯形**家族与**直角梯形**家族。"随着小罗庚的讲解，丽莎导师用魔法棒在屏幕上呈现出这样一幅关系图：

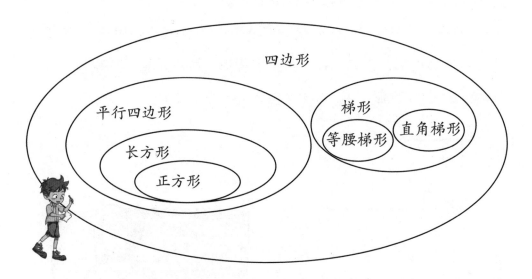

　　"感谢小罗庚为我们梳理清楚了四边形大家族的关系，让我们对四边形的认识又深了一步。小罗庚真是我们的魔法新星！"丽莎导师给了小罗庚一个很高的评价，同学们用热烈的掌声向小罗庚表示感谢和祝贺。小罗庚被夸得有点儿不好意思，挠了挠头，笑容荡漾在脸上。

数学小博士

名师视频课

丽莎导师带着大家到魔法工坊上魔法研究课。她把学生们分成了三个小组，让大家用四根小棒拼平面图形。

大家通过观察和研究得知：

正方形有四个直角，四条边都相等。长方形有四个直角，对边相等。正方形是特殊的长方形。

平行四边形对边平行且相等，对角相等，有四条底和无数条高。正方形和长方形是特殊的平行四边形。

梯形只有一组对边平行，四条边分别称为上底、下底和腰。梯形的高是上底和下底之间的垂直线段，有无数条。等腰梯形和直角梯形都是特殊的梯形。

小罗庚最后总结了这些图形都属于四边形。

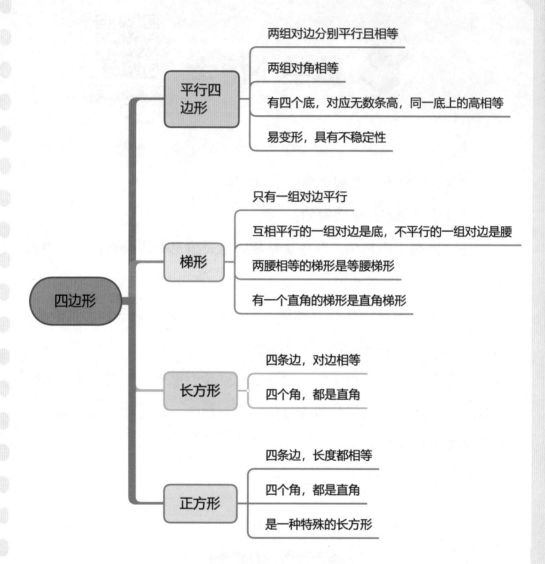

平行四边形
- 两组对边分别平行且相等
- 两组对角相等
- 有四个底，对应无数条高，同一底上的高相等
- 易变形，具有不稳定性

梯形
- 只有一组对边平行
- 互相平行的一组对边是底，不平行的一组对边是腰
- 两腰相等的梯形是等腰梯形
- 有一个直角的梯形是直角梯形

长方形
- 四条边，对边相等
- 四个角，都是直角

正方形
- 四条边，长度都相等
- 四个角，都是直角
- 是一种特殊的长方形

四边形

　　正方形、长方形、平行四边形和梯形的特点和关系听起来很复杂，但丽莎老师用一张集合图就能清楚地解释特殊四边形之间的关系。你是不是感到很惊讶？让我们去生活中找一找这些四边形，再研究一下吧！

智慧加油站

为了让同学们加深理解和应用，丽莎导师给同学们出了一道题：把周长为 18 厘米的平行四边形分成两个完全相同的三角形，这两个三角形的周长之和比原来平行四边形的周长增加了 8 厘米或 10 厘米，那么每个三角形的周长是多少？

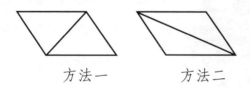

温馨小提示

把平行四边形分成两个完全相同的三角形有两种分法，观察后可知三角形的周长之和与平行四边形的周长相比，只是多了两条对角线的长度，所以一个三角形的周长是平行四边形周长的一半再加上一条对角线的长度。

方法一　　　　　方法二

方法一：

18÷2+8÷2=9+4=13（厘米）

方法二：

18÷2+10÷2=9+5=14（厘米）

第九章

趣味舞台剧
——计算工具

转眼魔法树洞的新年就快到了，这可是个重要的节日。这几天，蘑菇学院里到处都洋溢着节日的气氛，四处欢声笑语，人们个个喜气洋洋。可是小罗庚却高兴不起米，因为过年的气氛让他想家了。

"不知道爸爸妈妈现在怎么样，他们是不是一直在急着找我？唉，来到魔法树洞已经有段日子，是时候想办法回去了，好想尽快跟爸爸妈妈团聚啊！"想着想着，小罗庚陷入对家人的思念中，情绪有点儿低落。

吉米看出小罗庚心情不太好，跑过来拉着他的胳膊往外走，边走

边说："别这么愁眉苦脸的，跟我们一起准备趣味舞台剧的表演吧。"

"趣味舞台剧?"小罗庚压下失落，转头好奇地问。

"趣味舞台剧是新年庆典的重头戏，"吉米兴冲冲地说，"每一个人扮演一个自己最喜欢的角色，根据剧本的主线，在舞台上自由发挥，尽情地展示自

己。我要扮演一个滑稽的小丑，凯瑞要扮演一个严肃的牧师，杰克准备扮演一个英俊的王子，你要演什么？"

小罗庚的情绪被吉米带动起来了，他在脑海中认真寻找喜欢的童话人物，忽然想到了《绿野仙踪》里的稻草人，兴奋地说："我要演稻草人！"

"那一起走吧，稻草人先生。"吉米像模像样地给小罗庚敬了个礼，把小罗庚逗笑了。

庆典那天，通往舞台的路上，有打扮得各式各样的人，公主、骑士、王子、乞丐、工匠……每个角色都穿着自己的特色服饰，一时间到处花花绿绿的，可见大家参与这场舞台剧的热情是多么高。

　　小罗庚扮成稻草人走在路上，每个从他身边经过的人都会友好地同他打招呼，有的摸摸他的手臂，有的拍拍他的肩膀，还有的细心地帮他整整衣领。

　　在这场舞台剧里，皇帝的扮演者——魔法学院的院长也过足了瘾，他穿着皇袍，戴着皇冠，看起来真威风！

　　集结和准备的时间结束后，指挥员宣布表演正式开始。

　　"各位臣民，我这里有一道难题向大家求解。如果有人能解出它，我将满足他的一个愿望。"皇帝摆足架子率先向大家提问。

　　大家竖起耳朵认真听着，都想解出难题，获得许愿的机会。

　　皇帝清了清嗓子，接着说："我们魔法树洞要在海边的大珊瑚岛上建一座永恒不灭的灯塔，对灯塔建造的高度和距离的要求非常严格。我找来了建筑部族的能工巧匠帮助我们建造灯塔，但是他们部族的计算魔法在这里是失灵的，不能准确计算出高度和距离。而且他们不会魔法树洞的魔法，也不能请人帮忙计算。所以我现在要集思广益，请诸位帮我找一找能给他们使用的**计算工具**。"皇帝话音刚落，所有人都陷入沉思。

　　"你们每人只有一次发言的机会，请一定要慎重。谁能最快提出合理的、有用的、令人信服的建议，谁就是最有智慧的人，他就可以获得那诱人的奖励。"皇帝话音刚落，大家开始议论纷纷。

　　不一会儿，一个骑士举手说："这还不容易嘛，用魔法尺呀。"

　　骑士刚说完，旁边的小丑就直摇头："不对，魔法尺是用于测量的工具，不能计算，而且都说了他们部族的魔法在这里是失灵的。你审题太不严谨了。"

听了小丑的话，骑士脸上的表情凝固了，他没想到自己的答案一上来就错了。而小丑则笑嘻嘻地等着皇帝的表扬。

"各位，你们认为小丑的见解怎么样？"皇帝四下看了看。

"有道理！""我同意！""确实如此！"人群中响起一阵阵赞同之声，小丑看起来越发得意了。

"小丑，我也觉得你说的有道理。但你还没有提出你的建议呢。你有什么办法吗？"皇帝接着问道。

小丑顿时呆住了，因为他还没想到好办法呢。不过旁边的稻草人把手高高地举了起来，大声说："陛下，我想到办法了。"

"哦？快说说看。"皇帝伸手指向稻草人，做了个请的姿势。

这个稻草人当然就是小罗庚啦。他望了望四周，自豪地说："在我所知的另一个世界中，**计算器、计算机**之类的工具都能够帮助我们解决计算问题，只是它们可能不适用于魔法树洞。"

皇帝点点头："你先给我们说说，它们具体是什么样的。"

小罗庚不慌不忙地说："我最常用的是**计算器**。它是一个非常便捷的计算工具，只有巴掌大，里面设计了计算程序，只要在上面输入想计算的算式，再按下'='

键就可以得到计算的结果。"

还没等人群反应过来，王子插话了："听起来挺神奇的，好像一个魔法道具。"台下的人也交头接耳起来，大家都对这个新奇的工具产生了浓厚的兴趣。

皇帝也充满了好奇，笑道："看样子大家都很感兴趣啊。稻草人，像这样的计算工具还有其他的吗？"

小罗庚继续讲道："在那个世界，两千多年前的中国人就已经会用算筹来计算了。**算筹**就是一根根同样长短、同等粗细的小棍子，不但可以做加减乘除四则运算，还可以计算方程难题。一千多年前，人们又发明了更加方便的**算盘**。它有一个木框，里面排列着一串串算珠，框中有一道横梁把算珠分隔成上下两部分，上面的部分每个算珠代表5，下面的部分每个算珠代表1，通过拨算珠可以进行很多复杂的计算。"

算筹　　　算盘

皇帝笑着拍了拍手，对小罗庚说："这可真是闻所未闻，让我大开眼界！我还想知道更多，请接着往下说。"

小罗庚想了想，又继续讲起来："在那个世界，自古以来，人们就不断地发明和改进计算工具，计算工具经历了从简单到复杂、从低级到高级、从手动到自动的发展过程，而且还在不断发展。拿我刚刚提到的手动式计算工具——算筹、算盘来说，它们的计算范围有限，计算结果也无法存储；后来到了 17 世纪中期，**机械计算器**问世；再到 20 世纪 40 年代，有了**电子计算机**，计算工具变得越来越先进，越来越强大；20 世纪 70 年代，**电子计算器**出现；到了当代，**台式电脑、笔记本电脑、平板电脑**等电子产品正在市场上热销。"

机械计算器

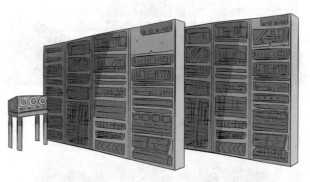

第一台电子计算机

电子计算器

台式电脑　　　　　　　笔记本电脑　　　　　　　平板电脑

小罗庚停顿了一下，深吸一口气接着说："如今科技依然在飞速发展，速度最快的计算机峰值速度一秒钟能计算 1.1 百亿亿次，这样的计算机被称为超级计算机。由中国自主研制的**超级计算机**有'**神威·太湖之光**'和'**天河二号**'。"说完，他点点头，静静注视着人群。

"神威·太湖之光"超级计算机

"天河二号"超级计算机

大家从来没听说过这些东西，全都惊讶得张大了嘴巴，等小罗庚说完了好一会儿，大家才反应过来，热烈地鼓起掌来。

皇帝抬起双手，示意大家安静，然后看着小罗庚说："你讲得非常好，但是我们魔法树洞里没有外面世界这些神奇的工具。对此，你有没有什么建议？"

"嗯……"小罗庚低头想了想，突然想到了一个好点子，"我建议您仿制一个**魔法计算器**，它的样子和功能全按照电子计算器来做，具体细节稍后我可以跟工匠详细说。只要您想办法把魔法树洞的计算魔法附加在上面就可以了。建筑部族的工匠们只需手动操作魔法计算器，而进行运算则靠的是附加的魔法。这样就能**计算出准确的数据**了。"

"这个建议真是太棒了！稻草人，你有什么心愿尽管许吧，我来帮你完成。"皇帝边说边鼓起掌来，人们也纷纷竖起了大拇指。

小罗庚觉得这是一次可以回家的好机会：皇帝是蘑菇学院的院长扮演的，院长的魔力是魔法树洞里最高的，一定有办法帮他回家！

于是，小罗庚缓缓诉说起来："我知道大家一直以来都很好奇我是从哪里来的，我确实不是魔法世界的人，而是从另一个世界意外落入魔法树洞的。但是在和大家相处的这段日子里，我感受到了大家浓浓的热情和善意，并深深地爱上了这里。我敬爱丽莎导师，喜欢我的好伙伴吉米、凯瑞和杰克。我很舍不得大家，但我更加想念自己的爸爸妈妈和家乡。所以，我现在最大的愿望就是——希望您能将我送回家乡，送回爸爸妈妈身边！"

由于小罗庚没有按照剧本的走向表演，院长大吃一惊，但他很快

又恢复了平静，说道："我可以帮你实现这个心愿。魔法世界和外面的世界由一条极其隐蔽的时空隧道联通，它的入口在远方的魔法山之上，需要历经长途跋涉和渡过重重难关才能到达。你有勇气和信心战胜困

难到达那里吗？"

"我有！"小罗庚用力点了点头，眼里隐约闪着泪光。

听说小罗庚要回家，魔法学院的同学们在替他高兴之余也有点儿难过。虽然小罗庚到魔法树洞的时间并不算长，但是在这段日子里大家已经建立起深厚的感情。小罗庚的三个好朋友更是万分不舍，他们拉着小罗庚的手，心里酸酸的，很不是滋味。院长安慰他们说："不要伤心，我

相信你们一定还有机会再见的。现在让我们整理好心情，一起陪伴小罗庚战胜困难返回家乡吧！"三个小伙伴又看向小罗庚，是啊，虽然他们心里难过，但是他们更希望小罗庚能够早日与家人团聚。

第二天，在院长的带领下，三个小伙伴陪着小罗庚一起踏上了前往魔法山的路。

"神威·太湖之光"超级计算机

"神威·太湖之光"超级计算机是由中国国家并行计算机工程技术研究中心研制的，安装在国家超级计算无锡中心的超级计算机。它由40个运算机柜和8个网络机柜组成，每个运算机柜比家用的双门冰箱略大，其中含有1024块处理器，整台"神威·太湖之光"超级计算机中共有40960块处理器。2022年，中国的"神威·太湖之光"在全球超级计算机500强排名中位列前十。

数学小博士

名师视频课

蘑菇学院举办了一场趣味舞台剧表演，大家都扮演着其中的角色。小罗庚扮成稻草人，轻松解决了皇帝提出的计算工具的问题。

通常情况下，计算一个特别复杂的算式时，可以使用计算工具来计算，比如电子计算器、电脑等。人类使用计算工具的历史悠久，几千年前就已经出现简单的计算工具了，如算筹、算盘等。随着时代的发展，有更多越来越高级的计算工具问世，造福人类。计算工具的作用很大，是人类必不可少的工具，有些困难的算式人工解答需要几十年，而用计算机只要几秒钟就能得到答案。

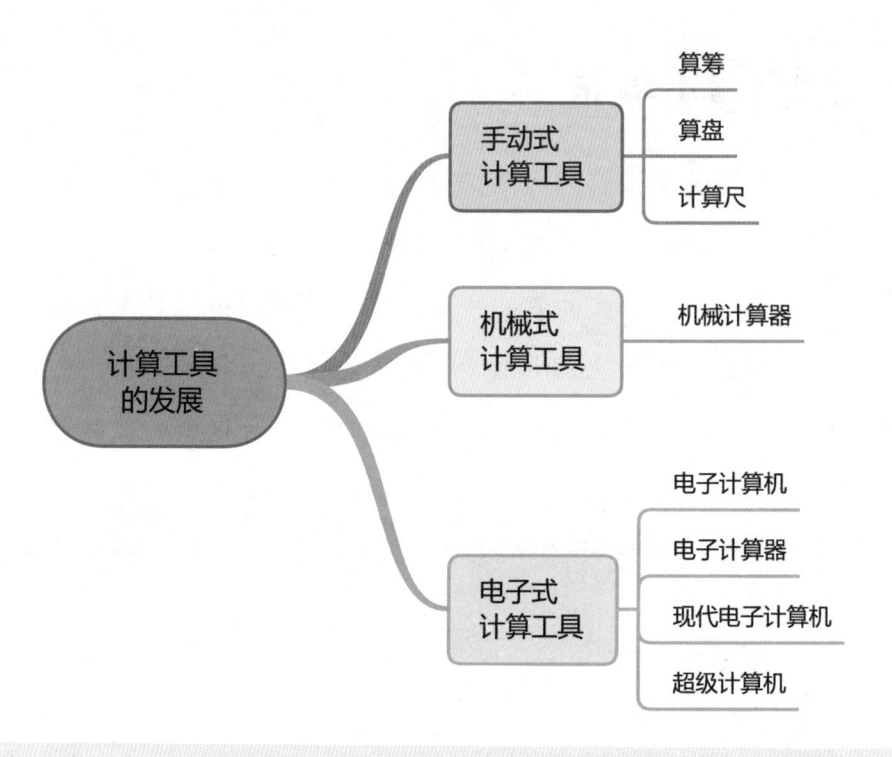

智慧加油站

　　小罗庚给魔法树洞的朋友们介绍了各种计算工具，其中计算器是我们日常生活中最常见的一种计算工具。小罗庚这次留下了几个问题，试试你能算对吗？

　　请你先用计算器计算一下左边三道题的答案。然后，观察左边答案的规律，你能直接写出右边三道题的答案吗？

$9999 \times 2 =$ ＿＿＿＿＿　　　　$9999 \times 5 =$ ＿＿＿＿＿

$9999 \times 3 =$ ＿＿＿＿＿　　　　$9999 \times 7 =$ ＿＿＿＿＿

$9999 \times 4 =$ ＿＿＿＿＿　　　　$9999 \times 9 =$ ＿＿＿＿＿

　　你会算吗？它们有什么计算规律吗？赶快动手试一试吧！

温馨小提示

　　先利用计算器算出左边三道题的答案：$9999 \times 2 = 19998$，$9999 \times 3 = 29997$，$9999 \times 4 = 39996$。

　　观察这三个算式的答案，发现它们的积都是五位数，而且积的中间三个数位上都是9。不同之处在于，积最高位上的数字比其中的一位数因数少1，个位上的数字与这个一位数因数的和是10。根据这个规律，我们就能直接写出右边三道题的答案啦，即：$9999 \times 5 = 49995$，$9999 \times 7 = 69993$，$9999 \times 9 = 89991$。

第十章

智闯魔法山

——植树问题

蘑菇学院的院长为了实现小罗庚的愿望，带着他和来帮忙的三个小伙伴，一起来到魔法山下。

望着高高的魔法山，小罗庚和伙伴们发起愁来："魔法山的山势这么陡峭险峻，怎么才能爬上去呢？"

看着四双期待的眼睛齐齐望着自己，院长笑着对他们说："孩子们，我希望你们能靠自己的力量闯过魔法山的一个个难关，锻炼自己的能力。这是一个很难得的机会，所以，从现在开始，我只会协助你们，不会用魔法帮你们开路。那么，大家四处看一看吧，想想我们要怎么上山。快去吧！"

四个小伙伴你看看我，我看看你，都在彼此的眼中看到了不安，但很快又看出了战胜困难的决心。

就在这时，眼尖的吉米指着魔法山山脚的一个角落叫起来："你们看，那是什么？"

顺着吉米手指的方向，大家发现角落里似乎有一个被树藤、枝叶和杂草半遮蔽的洞口，走过去一看，里面是一条黑漆漆的隧道。

"这会不会是通往山顶的道路？"杰克往洞里探探头问道。

"进去看看就知道了。"凯瑞第一个走进了隧道。

"魔法魔法变变变，亮光亮光点起来！"院长跟在凯瑞身后，挥动手中的魔法棒，一束夺目的亮光从魔法棒的一头射出，照亮了整个隧道。

隧道的深处有一座长长的吊桥，但只有一头有很少的几块木板，木板有的是红色的，有的是蓝色的。吊桥旁边立着一块牌子，上面写着：

找出木板摆放的规律，并补充上正确的木板。
小心选择，如果错误就会掉下深渊！

"这可怎么办？我们怎么知道木板摆放的规律啊！"吉米慌张地叫起来。

"不要着急，认真观察一下桥上的木板，也许会有所发现。"院长提醒小罗庚他们。

"我想……这种题目应该不难。"小罗庚上前一步，边观察边说，"现在吊桥上木板的顺序是一红、一蓝、一红、一蓝，所以蓝色木板的下一块就应该是——"

"红色木板！"细心的杰克已经发现了规律。

"没错。现在可以念咒语了。"小罗庚对着杰克竖起了大拇指。

"魔法魔法变变变，红色木板变出来！"杰克在吊桥上摆了一块红色木板。

"干得好！那么，接下来是什么颜色的木板呢？"院长用充满赞许的眼神看向杰克。

"红色后面是蓝色，放蓝色木板。"吉米抢答。

"没错。那么，你们从中看出什么了？"院长接着问。

"木板是按照红、蓝、红、蓝的顺序**有规律摆放**的。"凯瑞举着手说出了答案。

"就是这样！现在，我们可以过去了。"院长挥动起魔法棒，嘴里不断念着咒语，许多块红色木板和蓝色木板从他身后飞出来，按凯瑞说的顺序摆在吊桥上。院长走上去试了试，结实无比，可以放心地过桥了。

五个人走过吊桥，又爬过一条长长的楼梯，进入了一个花园。花园里花团锦簇，蝴蝶和蜜蜂翩翩飞舞，然而通往前方的大铁门被锁住了，只有使用钥匙才能打开。门旁有一块牌子，上面写着：

花园里有很多昆虫，按1只蝴蝶、1只蜜蜂的顺序站成一排，第一只是蝴蝶，最后一只也是蝴蝶。已知蝴蝶有8只，那么蜜蜂有几只？
如果答错，会被永远困在这里。

"我不想被困在这里啊！"吉米失声叫了起来。

"不要慌，我们齐心协力一定能想出正确答案。"小罗庚坚定地说。

"可是我没遇见过这种问题……"吉米哭丧着脸。

"别担心，我**画图**给你看。"凯瑞挥动魔动棒，在地上变出了许多蝴蝶和蜜蜂的图案，"你看，蝴蝶有8只，而且第一只和最后一只都是蝴蝶，那你再数数，蜜蜂有几只？"

"1，2，3，4……有7只！"吉米数了数，激动地说。

奇妙数学之旅

　　小罗庚听到答案后点了点头，从旁边地上捡起一个彩色蘑菇，在牌子上写了一个"7"。"啪嗒"一声，一把金灿灿的蘑菇形钥匙从牌子后面掉下来。杰克把钥匙捡起来插进钥匙孔里，随着"吱呀"的响声，门开了。

　　门后面依然是一个花园，只不过比前一个花园大很多倍。花园的尽头有一扇大铁门，门旁的牌子上也写着字：

　　花园里有很多昆虫，按 1 只蝴蝶、1 只蜜蜂的顺序站成一排，第一只是蝴蝶，最后一只是蜜蜂。已知蝴蝶有 28 只，那么蜜蜂有几只？

　　"我知道，我知道！"吉米又叫了起来，"上次数完后，蝴蝶是 8 只，蜜蜂是 7 只，蜜蜂比蝴蝶少 1 只。这次蝴蝶有 28 只，28 − 1 = 27，所

122

以蜜蜂有 27 只。"说完，他从小罗庚手中拿过彩色蘑菇，就要在牌子上写。

"等一下！"小罗庚连忙拦住他，"你仔细看看，上次第一只和最后一只都是蝴蝶，但这次最后一只是蜜蜂，算法应该是不同的。"

吉米吓得停住了脚，不解地问："那应该怎么算呢？"

"我们可以像刚才的木板排序一样，把 **1 只蜜蜂**和 **1 只蝴蝶**看作**一组**。如果首尾都是蝴蝶，那么一组一组来看，最后就多了一只蝴蝶；如果首尾昆虫不同，那么一组一组来看，就没有多余的，说明蝴蝶和蜜蜂的数量是相同的。"杰克说出了他的想法。

首尾都是蝴蝶

首尾昆虫不同

通过计算昆虫数量，大家总结出一个规律：在两个图像一一间隔的情况下，计算数量时，如果首尾图像相同，则一种图像比另一种图像多1个；如果首尾图像不同，则两组图像数量相同。

"太棒了，就是这样！"小罗庚在牌子上写下一个大大的"28"。"哗啦啦"一阵响，锁开了，大铁门在大家期盼的眼神中缓缓打开。

穿过大铁门，大家进入了下一个空间。这次，眼前出现的是一条小路，路的尽头有一扇石门，旁边的牌子上写着：

一个人沿着全长100米的小路的一侧植树，每隔5米栽一棵，首尾两端都栽，一共要栽多少棵树？

这下，连小博士杰克也苦恼起来了："这道题比前面两道复杂多了，我也不会了。"

凯瑞则思索着：如果把一棵树和一个间隔看作一组，首尾相同，那么……他比画了很久，但还是没弄明白。

"你可以把**树**和**间隔**想成**一组**试试，就像刚才的蝴蝶和蜜蜂一样。"小罗庚试着点拨凯瑞。

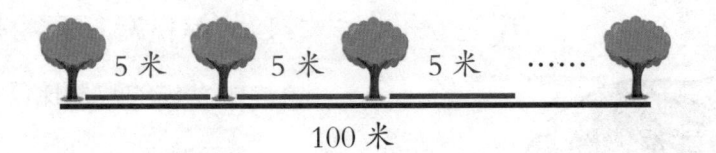

"嗯，树和间隔的组合有 100 ÷ 5 = 20（个），树比它多 1，所以是 20 + 1 = 21（棵）？" 凯瑞尝试着说出答案，心里很没底。

"答对了。"院长又提出一个新问题，"那如果首尾都不栽树呢，这条路上有多少棵树要栽？"

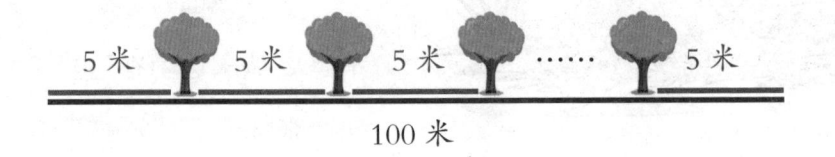

"两端都是间隔，首尾相同，应该是间隔比树多 1，间隔有 20 个，所以树的数量就是 20 - 1 = 19（棵）。"杰克说完看向院长，等待着他的答复。

"你们的回答完全正确！"院长满眼赞许地为他们鼓掌，然后拿起彩色蘑菇，在牌子上潇洒地写了一个 "21"。不出所料，石门上的锁开了，但这一次石门却没有自动打开。

"石门比较沉，需要再解开一道题，才能打开。"院长挥一挥魔法棒，石门上又出现一道题：

一个人在一条 100 米长的环形道路上栽树，每隔 5 米栽一棵，一共要栽多少棵树？

吉米刚看完题目，就兴奋地叫起来："我知道了，我知道答案了！"他在众人疑惑的目光中拿过院长手中的彩色蘑菇，在石门上写了一个

"21",解释说,"因为是围成一圈,所以树的数量比间隔多。"

"不对不对!"小罗庚着急地对他说,"**围成一圈**的话,应该是——间隔,没有重复,所以是**首尾不同**的情况。树和间隔的数量相同,都是 20。"

"啊啊啊,怎么办?我们是不是要被永远困在这里了?"凯瑞紧张地说。

"嘘——先别说话。"杰克指着石门小声说,"你们快看!"

大家惊讶地发现石门竟然消失了,取而代之的是三个洞口,旁边还有一块牌子,上面写着:

在一条公路的一侧,有路灯和花坛共 49 个,路灯每 8 米一盏,每盏路灯旁都是花坛,且公路两端都是路灯。那么路灯和花坛各有多少个?

(三个洞口中,只有一个通向山顶,而进入错误的洞口会有危险,请谨慎选择!)

吉米看到选错会有危险,吓得脸色苍白,害怕又自责地说:"选错的后果也太可怕了,我可不敢随便写答案了。"

院长走到他身后,拍拍他的肩说:"别紧张,遇到问题先仔细考虑清楚再回答,不要毛毛躁躁的。"

吉米红着脸点了点头。

"可是这道题一看就很难。"凯瑞担心地说，"要不然还是院长您来答题吧，我们几个小孩儿恐怕完不成这么艰巨的任务。"

"有时候人的能力大小和年龄没有关系，我相信你们只要细心观察、认真思考，就一定会算出正确答案。勇敢地试一试吧，只想着依靠别人的话，是得不到进步的。"院长语重心长地说。

"啊？我们真的能行吗？"凯瑞不自信地低下了头。

为了激发学生的信心，院长把魔法棒举在身前说："你们用心去想，大胆去做，哪怕丽莎导师没有教过的问题，我相信你们也有能力去尝试着解决。即使失败了也没有关系，还有我在你们身后，不要退缩！"

"这样吧，我先来试试！"小罗庚鼓起勇气尝试着解答起来，"公路两端都是路灯，就是说这里是首尾相同的情况，路灯应该比花坛多1

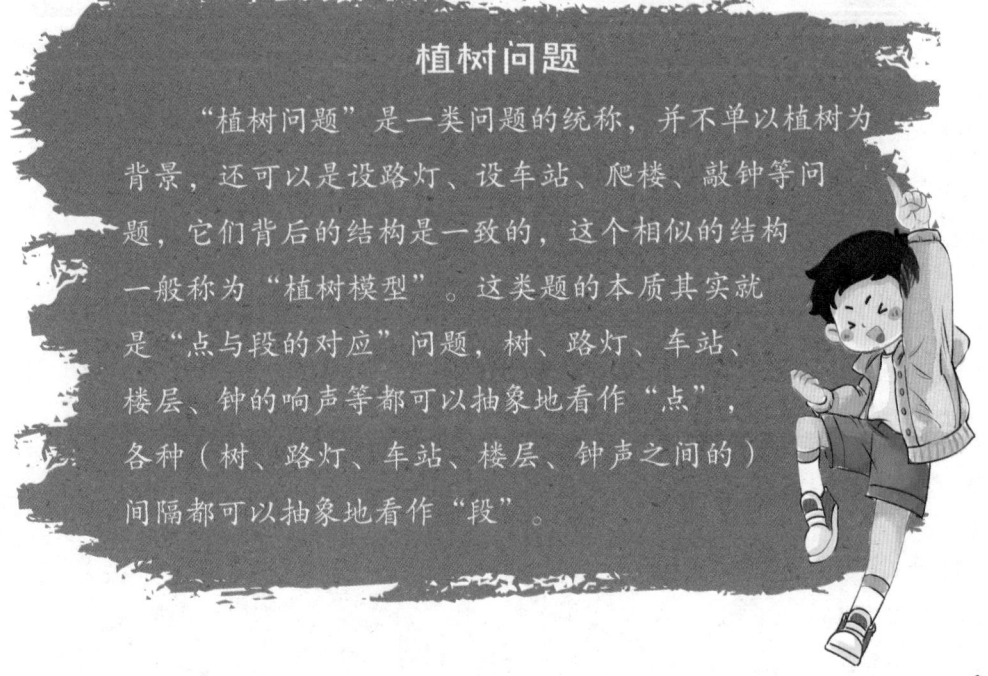

植树问题

"植树问题"是一类问题的统称，并不单以植树为背景，还可以是设路灯、设车站、爬楼、敲钟等问题，它们背后的结构是一致的，这个相似的结构一般称为"植树模型"。这类题的本质其实就是"点与段的对应"问题，树、路灯、车站、楼层、钟的响声等都可以抽象地看作"点"，各种（树、路灯、车站、楼层、钟声之间的）间隔都可以抽象地看作"段"。

个。但我们怎么知道路灯有几个呢？"

路灯和花坛共 49 个

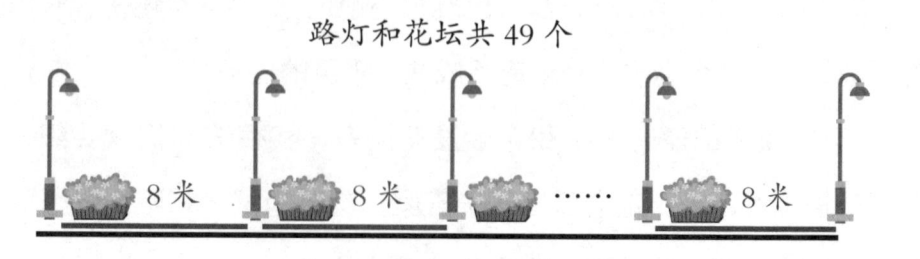

"也不能直接把路灯和花坛的总数 49 平均分成两份，怎么办？"凯瑞皱着眉说。

"可以知道的。"杰克扶了扶眼镜说，"我们只要把花坛比路灯**少的 1 个加上去**，得到的就可以看作**两份**路灯的数量了。"

路灯和花坛共 49+1 个

"杰克，你太棒了！"经过杰克的这一点拨，小罗庚一下子就明白了，"所以，路灯的数量是（49 + 1）÷ 2 = 25（个），路灯的数量比花坛多 1 个，所以花坛的数量是 25 - 1 = 24（个）。我们有答案了！"

话音刚落，三个洞口就出现了变化。小罗庚跑到三个洞口前端详着，发现中间的洞里面有一个指示箭头亮了起来，于是他叫起来："大家快来，就是这个洞口！"

几人跟着小罗庚进了洞口，发现里面是长长的楼梯。他们顺着楼梯一路向上盘旋，上方远远地能看见一点儿亮光。又走了一会儿，一束阳光照了进来，晃得大家一阵眼花。山顶到了！

　　站在魔法山的山顶向下望去，森林环绕，银带般的河流穿梭在高高低低的树木之间，颜色各异的蘑菇密布于草地之上。而山顶正中央有一棵巨大的魔法树，树干粗壮，枝叶繁茂，五颜六色的树叶布满树冠，星星般的小花点缀于树叶之中。需要好几个人才能合抱过来的树干中央有一个传送门，而这扇门后就是院长所说的通往外面世界的时空隧道。

　　"小罗庚，你真的要离开我们了吗？"吉米不舍地问。凯瑞和杰克也睁大眼睛看着小罗庚。

　　"是的，我就要回家了。"小罗庚的声音里带着几分失落，"不要难过，我说过的，就算我走了，我们之间的友谊也不会消失！"

　　小罗庚很不舍得离开他的小伙伴们，不舍得离开蘑菇学院，但对故乡和亲人的思念让他更渴望回到家人身边。

　　就在这时，仙兔丽莎导师突然从传送门里跳了出来。几个人大吃一惊："丽莎导师，你怎么在这里？"

　　"小罗庚的到来，让我感到十分意外，所以我前段时间特意来检查时空隧道，发现它的磁场出现了问题。不过我已经把它修复好了。"

　　"那太好了，小罗庚能顺利回家了！"三个小伙伴都替小罗庚开心。

　　"再见，我不会忘记你们的。"小罗庚与大家依依不舍地告别。

　　"好了，孩子们，时间到了！"院长轻声念起了咒语，"魔法魔法变变变，时空隧道打开来！"

　　随着院长的魔法咒语，魔法树落在地上的叶子慢慢升到空中，围着小罗庚跳起了欢快的送别舞。小罗庚走向时空隧道的传送门，微笑着冲大家挥挥手。"呼啦啦"的一阵响声过后，几片叶子飘落下来，盖住了大家的眼睛。等他们将叶子拿开时，小罗庚已经消失在传送门中。

数学小博士

名师视频课

　　小罗庚和小伙伴们跟着院长来到了魔法山，并经过层层考验登上了山顶。最终，小罗庚通过魔法树干中的时空隧道的传送门回到了现实世界。

　　他们在魔法山的隧道里，遇到的题都是典型的植树问题。植树问题可以分为以下四种情形：

　　如果植树路线的两端都要植树，那么植树的棵数应比要分的段数多 1，即：棵数 = 段数 +1；

　　如果植树路线的两端都不植树，那么棵数应比段数少 1，即：棵数 = 段数 -1；

　　如果植树路线的一端植树，另一端不植树，那么棵数与段数相等，即：棵数 = 段数；

　　如果在封闭的路线上植数，那么棵数与段数相等，即：棵数 = 段数。

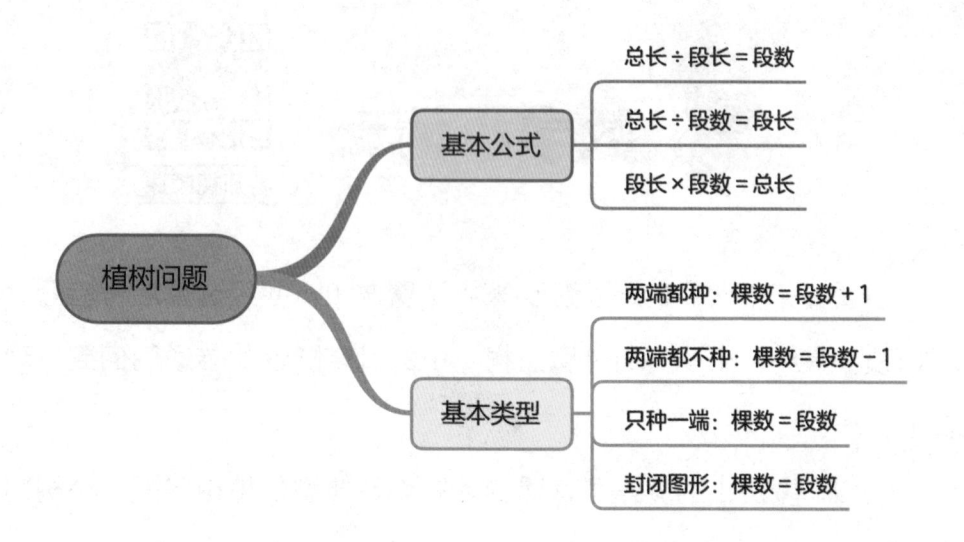

植树问题

基本公式
- 总长÷段长＝段数
- 总长÷段数＝段长
- 段长×段数＝总长

基本类型
- 两端都种：棵数＝段数＋1
- 两端都不种：棵数＝段数－1
- 只种一端：棵数＝段数
- 封闭图形：棵数＝段数

你学会了吗？相信在生活中如果遇到这样的问题，你肯定能解决的！

智慧加油站

小罗庚和小伙伴们用所学的知识通过隧道，到达了山顶。他终于能回到现实世界，回到妈妈的怀抱了。

在妈妈带他回家的路上，小罗庚想到了一道以前没有解决的题：

在一座长 800 米的大桥两边挂彩灯，起点和终点都挂，一共挂了 202 盏，相邻两盏之间的距离都相等。求相邻两盏彩灯之间的距离。

你能帮他解决吗？试一试吧！

温馨小提示

大桥两边一共挂了 202 盏彩灯，所以每边各挂 202÷2 = 101（盏）。起点和终点都挂的话，彩灯会比灯之间的距离多 1，即 101 盏彩灯会把 800 米长的大桥分成 101 − 1 = 100（段），所以，相邻两盏彩灯之间的距离是 800÷100 = 8（米）。

尾声

有什么东西在挠我？小罗庚闭着眼，感觉有什么东西在他脖子上动来动去。等他缓缓睁开眼，迷迷糊糊中发现自己正躺在一片金黄的稻田中，稻穗刺得他脖子直发痒。

"小罗庚，该回家吃饭啦！……这小子，又不知道跑到哪儿疯去了。"不远处传来了小罗庚最熟悉的声音。

是妈妈的声音……妈妈！

小罗庚心头一热，眼泪情不自禁地流了出来。

妈妈，我在这里！

可是，小罗庚喉咙一哽，想对妈妈倾诉的千言万语，一句也说不出来。

"小罗庚？小罗庚！"妈妈的声音近了。

"哎呀，傻孩子，怎么躺在稻田里面？"妈妈摸了摸小罗庚的额头，"不好，是不是受了凉发烧啦！赶快回家去，妈妈给你熬热汤喝。"

妈妈把小罗庚从地上拉起来，拍了拍他身上的尘土和草叶，牵着他的手，往家的方向走去。